森林、草原、荒漠、湿地
横亘在西北内陆的一块独特秘境
国家重要生态屏障
大熊猫栖息地之一

# 穿越祁连秘境 探访熊猫家园

Cross the Mysteryland of Qilian Mountains
A Journey to the Homeland of Giant Pandas

## ——大熊猫祁连山国家公园甘肃省片区

大熊猫祁连山国家公园甘肃省管理局 编

中国林业出版社
·北 京·

祁连山国家公园
QILIAN MOUNTAIN NATIONAL PARK

雪山连绵，大地苍茫，这里是祁连山国家公园甘肃省片区。作为我国西北地区重要的生态安全屏障和水源涵养地，祁连山是世界高寒种质资源库和野生动物迁徙的重要廊道，是我国生物多样性保护优先区域
胡学斌/摄

甘肃省东南部，地处秦岭山系和岷山山系的交汇地带，这里的崇山林海是大熊猫的重要分布区，也是甘肃省生物多样性最为丰富的区域之一，在大熊猫国家公园中占有重要位置

**白永兴/摄**

GPNP
大熊猫国家公园
GIANT PANDA NATIONAL PARK

# 简介

大熊猫祁连山国家公园甘肃省管理局

大熊猫国家公园地处全球生物多样性保护热点地区，是我国生态安全战略格局“两屏三带”的关键区域；祁连山国家公园是我国西部重要的生态安全屏障，是黄河流域重要水源产流地和生物多样性保护区域。

大熊猫祁连山国家公园甘肃省管理局担负着大熊猫、祁连山两个国家公园涉及甘肃省区域的具体体制试点工作，下设白水江分局、裕河分局、张掖分局和酒泉分局。

# 编委会

白水江刘家坪保护站的夜晚星空璀璨

邹　滔/摄

2013年2月，习近平总书记在视察时指出，甘肃是我国西北地区重要的生态屏障，在保障国家生态安全中具有重要地位和作用，要求我们着力加强生态环境保护，提高生态文明水平。

人民网《构建一道国家生态安全屏障》

2014年3月1日

深秋，雪山倒映在湖面上，水天一色的盐池湾党河湿地令人心驰神往
色拥军/摄

# 序

这里，三大高原，三大流域的地理区位造就出雄浑俊美的自然风光，犹如一道屏障守卫着祖国的咽喉之地，被喻为中华民族的挡风墙。这里，是大自然的馈赠，地球上除了海洋，高山、冰川、荒漠、草原、湿地、森林等景观都一一呈现。这里是甘肃，是祖国大西北的关键地带。

党中央、国务院高度重视生态文明建设和环境保护工作，积极推进国家公园体制试点就是其中的一项重要举措。2013年11月，党的十八届三中全会提出建立国家公园体制。2015年9月，中共中央国务院印发《生态文明体制改革总体方案》，对建立国家公园体制提出总体要求，勾勒出中国国家公园的清晰轮廓。2017年1月，中办、国办印发了《大熊猫国家公园体制试点方案》，当年6月，中央全面深化改革领导小组第36次会议审议通过《祁连山国家公园体制试点方案》，历史的选择，人民的期待，10个试点国家公园中，甘肃拥有了两个。

甘肃肩负起了为国家公园体制建设探索可复制、可推广经验的千钧重任。国家公园体制试点开展以来，甘肃省委省政府成立了省委书记、省长为双组长的领导小组，配合建立了国家林草局和甘肃、青海、四川、陕西四省联动协调机制。经过近3年的探索实践，从成立专家咨询组到制定试点工作实施方案，再到编制完成两个国家公园范围和功能区优化勘界方案，甘肃省委省政府始终靠前指挥，强力推动，国家公园甘肃片区试点工作正朝着《建立国家公园体制总体方案》给出的时间表和路线图乘势前行。2018年10月29日，祁连山国家公园管理局、大熊猫国家公园管理局相继在甘肃兰州、四川成都揭牌成立。随后，甘肃省结合政府机构改革在省林业和草原局加挂大熊猫祁连山国家公园甘肃省管理局牌子，在省林业和草原局设立了国家公园管理处，挂牌成立了酒泉、张掖、白水江、裕河4个分局和国家公园监测中心，联合兰州大学、中国科学院西北生态环境资源研究院成立了祁连山研究院、甘肃省祁连山生态环境研究中心，祁连山、大熊猫国家公园体制试点甘肃片区各项工作全面展开、高效推进。至2020年，大熊猫、祁连山两个国家公园体制试点全面完成，甘肃片区的试点工作取得了明显成效，为正式设立大熊猫、祁连山国家公园奠定了坚实基础。

生态文明建设离不开全社会的支持和参与，国家公园建设和发展同样需要更多人了解和参与其中。《穿越祁连秘境　探访熊猫家园》以图文并茂、自然真实的形式，突出展现了大熊猫、祁连山国家公园壮阔的自然景观、缤纷的野生动植物、研究者和保护者们的辛勤工作，希望通过这本画册，能够让社会各界进一步认识和了解大熊猫、祁连山国家公园，吸引更多的力量积极参与到自然保护工作中来。

愿国宝繁衍壮大，祁连万古长青！

甘肃省林业和草原局局长

大熊猫祁连山国家公园甘肃省管理局局长

2020年12月

# 前言

青藏高原北缘，6500万年来印度次大陆板块和欧亚板块的强烈碰撞、挤压，导致地壳剧烈隆起，连绵的岷山山脉与祁连山脉因此成形，众多雪峰拔地而起，苍茫雄伟，波澜壮阔，共同组成了中国地形第一阶梯和第二阶梯的过渡地带。从岷山到祁连山，大熊猫国家公园与祁连山国家公园一南一北，相距超过上千米的巨大尺度，却同样保留着中国最珍贵的自然景观与生态系统，赋予了万千自然生灵栖息的生命乐园。

大熊猫、祁连山国家公园（甘肃片区）包含大熊猫国家公园与祁连山国家公园两者在甘肃省的所有区域，从南向北分为白水江分局、裕河分局、张掖分局、酒泉分局，涉及陇南、武威、金昌、张掖、酒泉五市的多个县（区、场）。其中大熊猫国家公园甘肃部分25.71万公顷，占大熊猫国家公园总面积的9.48%；祁连山国家公园甘肃部分343.95万公顷，占祁连山国家公园总面积的 68.47%。

大熊猫、祁连山国家公园（甘肃片区）所庇护的这片土地，对于甘肃省甚至全中国都有着难以替代的宝贵价值。

本画册收集了来自于大熊猫、祁连山国家公园（甘肃片区）的各种精美自然影像，试图为世人全景展现这里壮阔而多样的自然景观与生态系统，独特而动人的万千野生动植物的生存状态。高空鸟瞰下的森林、草原、荒漠、湿地、雪山、冰川，红外相机镜头下的野生大熊猫、雪豹、豺，濒危的黑颈鹤、文县疣螈和各种珍稀植物，和大熊猫同域分布的动植物邻居们、祁连山层次鲜明的各个不同生态系统，以及多年来艰辛而充满挑战的科研与保护工作，本画册都将为您一一呈现和解读。

高空俯瞰盐池湾党河湿地，蜿蜒的河道如大地的动脉
陈广磊/摄

# 目录

# 概览

*环境与景观丰富多彩

*生物乐园

*文化，久远而多样

*从南向北的各分局

青藏高原东部，6500万年来印度次大陆板块和欧亚板块的强烈碰撞、挤压，导致地壳剧烈隆起，连绵的岷山山脉因此形成
**邓建新/摄**

清晨的第一缕阳光
照射在摩天岭的山峦，
朝霞绯红，云海翻腾

《 岷山山脉形成之时，中国西北地区的祁连山也拔地而起，共同组成了中国地形第一阶梯和第二阶梯的过渡处。祁连山的冰川在夏日里一点点融化，河水在山谷里汇聚，孕育出大片生机勃勃的湿地，成为荒原里珍贵的生物天堂，养育了众多的野生动植物类群

董　磊/摄

从岷山到祁连山，大熊猫国家公园与祁连山国家公园一南一北，相距超过上千米，却同样保留着中国最珍贵的自然景观与生态系统，赋予了万千自然生灵栖息的生命乐园。

2018年10月29日，祁连山国家公园管理局、大熊猫国家公园管理局相继在甘肃兰州、四川成都揭牌成立。随后，甘肃省结合政府机构改革在省林业和草原局加挂大熊猫祁连山国家公园甘肃省管理局牌子，在省林业和草原局设立了国家公园管理处。

由此，中国的自然保护事业翻开全新一页。

大熊猫、祁连山国家公园（甘肃片区）所庇护的这片土地，对于甘肃省甚至全国都有着难以替代的宝贵价值。

这里是中国重要的生态功能区、西北地区重要的生态安全屏障和水源涵养地。

公园内生态系统独特，自然景观多样，冰川、森林、草原、荒漠、湿地均有分布，是中国罕有的，除海洋以外，生态系统如此齐全的国家公园。这里是大熊猫的栖息家园，是世界高寒种质资源库和野生动物迁徙的重要廊道，生存着众多濒危和珍稀野生动植物。区域内有多个冰川，是青藏高原东北部的“固体水库”，是河西走廊乃至西部地区生存与发展的命脉，也是“一带一路”重要的经济通道和战略走廊。

雪地上成群活动的白唇鹿（*Cervus albirostris*），是祁连山高寒地区的代表性野生动物
**李祎斌/摄**

# 环境与景观 丰富多彩

山脉纵横，原野苍茫，高耸入云的岷山、祁连山如同一条有力的手臂，西北接天山，东南连秦岭，在中国西北版图上的荒原里，构筑了一道坚固的生态屏障。青藏高原、河西走廊、黄土高原、四川盆地等众多的地理单元由此分野，经度、纬度、海拔落差、日照和降水不均衡等因素，共同造就了极其多样的自然景观。

《 祁连山是多样自然景观的荟萃之地，海拔从高到低，雪山、高山草甸、森林、草原、河流共同组成复合生态系统

张掖分局/供图

千山万壑，森林密布，陇南山地地处甘肃省最南部，是甘肃省植物最丰富、森林最完整的地区

**何礼文/摄**

南部，秦岭由东而来，岷山横亘南北，大山交会，山高谷深，温暖湿润的东南季风带来充足的水汽，将陇南这片山河染成浓重的绿色。

这里位置偏南，地处北亚热带，从东而来的水汽在山地造云成雨，形成丰沛的降水，孕育出无数在山间欢快流淌的溪流，滋养着千山万壑里茂密的原始森林。从山脚往上，随着海拔的逐渐上升，常绿阔叶林、常绿落叶阔叶混交林、落叶阔叶林、针阔叶混交林和亚高山针叶林依次分布，直到在山巅逐渐过渡为高山灌丛草甸。山下，由无数溪流汇聚而成的白水江、白龙江如同两条巨龙，在大地上雕琢出深深的沟谷，蜿蜒迂回向南而去。

北部，青藏高原东北缘因地壳挤压形成了多条相互平行的高大山脉，走廊南山—冷龙岭—乌鞘岭、托来山—俄博南山、野马山（大雪山）—托勒南山、党河南山—疏勒南山—大通山等，这些山脉有着从西北—东南的相同走向，彼此间山川叠翠，河谷、盆地相间，共同组成了广义上的祁连山。

祁连山东北面紧靠河西走廊，西南抵柴达木盆地，高大入云的雪山与南北两侧的荒原形成强烈对比。祁连山东西长达800千米，平均海拔超过4000米，高大的山体拦截了富含水汽的云团，在山腰形成降水，年均降水量300～700毫米，远高于周围地区，如同干旱荒原中的一个巨大绿岛。祁连山东中段降水丰富，海拔2400～3200米的阴坡、半阴坡生长着茂密的森林，阳坡、半阳坡分布着茂盛的草原。西段随着降水递减，森林逐渐消失，白雪皑皑群峰竞立的雪山、高大巍峨气势磅礴的冰川、水草丰沛生机盎然的湿地和茫茫无尽的荒原参错掩映，如梦如幻。

由于纬度较高，山势高大险峻，祁连山海拔4500米以上的山峰多数伴有规模大小不同的冰川发育，数量超过2600条，冰储量超过800亿立方米，尤其是西段有规模较大的大陆性冰川群，是国内冰川研究的理想场所。众多的雪峰与冰川孕育出石羊河、黑河、疏勒河、党河等众多内流河，宽阔的河边谷地与湿地是重要的水源涵养地，汩汩清流由南向北，滋润着河西走廊串珠状的多个绿洲，为500多万人口提供了水源供给，是河西走廊乃至西部地区生存与发展的命脉，也是“一带一路”重要的经济通道和战略走廊，承载着联通东西、维护民族团结的重大战略任务。

《 一场秋雪后，连绵起伏的金色草甸被薄雪覆盖，远处的山峦层层叠叠，这里只是祁连山众多平行山脉中的一隅

**张掖分局/供图**

祁连山的冰川孕育出下游众多珍贵湿地，黑河湿地便是其中之一。深秋，芦苇一片金黄，黑鹳、白琵鹭、大白鹭、苍鹭、红嘴鸥展翅齐飞，组成一幅生机勃勃的画面

**李文胜/摄**

# 生物乐园

经纬度、海拔、日照与降水等多重因素的巨大差异，造就了岷山、祁连山自然景观的多样性，不同的自然环境孕育出不同的生态系统，从土壤、草地、森林到湿地，这些系统复杂而精巧，环环相扣，构成一个生命共同体。从大熊猫栖息的山地森林到马鹿成群出没的起伏草原，从黑颈鹤引吭高歌的河流湿地到雪豹机敏藏身的高山裸岩，这背后蕴藏着极其丰富的生物多样性。

大熊猫国家公园甘肃片区的森林主要分布在岷山、秦岭区域，海拔从1000米的常绿落叶阔叶混交林到3500米的亚高山针叶林，这里降水丰沛，是大熊猫岷山种群的重要分布地带，也是金丝猴、羚牛、林麝、红腹角雉等珍稀物种的栖息地

**路家兴/摄**

① 川金丝猴（*Rhinopithecus roxellana*）
**李利伟/摄**

② 大熊猫（*Ailuropoda melanoleuca*）
**白水江分局/供图**

③ 羚牛（*Budorcas taxicolor*）
**巩德红/摄**

④ 灰头小鼯鼠（*Petaurista caniceps*）
**任景成/摄**

⑤ 红腹角雉（*Tragopan temminckii*）
**邓建新/摄**

⑥ 北方红门兰（*Galearis roborowskyi*）
**邹　滔/摄**

① 藏野驴（*Equus kiang*）
**色拥军/摄**
② 马鹿（*Cervus elaphus*）
**张掖分局/供图**
③ 香鼬（*Mustela altaica*）
**李祎斌/摄**
④ 甘青乌头（*Aconitum tanguticum*）
**王　进/摄**
⑤ 异色风毛菊（*Saussurea brunneopilosa*）
**王　进/摄**
⑥ 管花秦艽（*Gentiana siphonantha*）
**张掖分局/供图**

祁连山国家公园甘肃片区的草原分布在海拔2300～3900米，分为山地草原带、亚高山灌丛草甸带、高山草甸带等多种类型，代表性动物有白唇鹿、马鹿、藏野驴、藏原羚等
**陈广磊/摄**

① 青海沙蜥（*Phrynocephalus vlangalii*）
董 磊/摄
② 白刺（*Nitraria tangutorum*）
王 进/摄
③ 高山野决明（*Thermopsis alpina*）
色拥军/摄
④ 黑尾地鸦（*Podoces hendersoni*）
王 进/摄
⑤ 亚洲漠地林莺（*Sylvia nana*）
王 进/摄
⑥ 斑翅山鹑（*Perdix dauurica*）
董 磊/摄

祁连山西段海拔2300米以下的荒漠草原带、山前地带砾质荒漠、半荒漠地带，代表性物种有各种沙蜥以及耐干旱植物
**陈广磊/摄**

祁连山海拔3900～4300米的区域为高山冻原，发育有高山流石坡植被和高山垫状植被；海拔4300米以上的区域为高山冰雪带，以冰川、积雪为主；代表性动物有雪豹、岩羊、狼、猞猁、胡兀鹫等

杨　磊/摄

① 水母雪兔子（*Saussurea medusa*）
酒泉分局/供图
② 单花翠雀花（*Delphinium candelabrum* var. *monanthum*）
王　进/摄
③ 狼（*Canis lupus*）
李祎斌/摄
④ 猞猁（*Lynx lynx*）
张掖分局/供图
⑤ 雪豹（*Panthera uncia*）
张掖分局/供图
⑥ 胡兀鹫（*Gypaetus barbatus*）
张掖分局/供图

# 文化，久远而多样

大熊猫、祁连山国家公园所在的这片土地一直与中国的悠久历史紧密相连，众多耳熟能详的历史人物在此一一登台，岁月更替，斗转星移，描绘出波澜壮阔的文明画卷。

白水江分局所在的文县，地处甘肃省最南端，古称阴平，从汉高祖六年置阴平道直至唐代作为行政建制，已存在了1900多年。陈寿《三国志》记载，公元263年，邓艾凿山通道，偷渡阴平，穿越岷山东脉摩天岭原始山林，裹毡而下，出江油关灭蜀。

1935年4月，撤离通南巴革命根据地的红四方面军一部，在这里与胡宗南数万军队激战，达18天之久，有力地策应了中央红军北上。

阴平古道遗迹
何礼文/摄

而在北端紧靠河西走廊，南抵柴达木盆地的祁连山，独特的地理位置使这里成为中原、蒙古高原、青藏高原和塔里木四地文明的交汇之处，更是中原王朝与游牧民族轮番上演历史的大舞台。

肃北境内曾发现多处岩画，画面主要有盘羊、鹿、狩猎、野牛、野驴、人物、符号等内容，多采用打凿的手法，线条简约古朴。据文物工作者考证，这些岩画形成于春秋、战国至西汉期间，是古代游牧民族生活、文化的见证，为研究居于河西走廊的西戎、羌族、月氏、乌孙等古代西域游牧民族的社会生活与历史文化提供了重要的形象资料。

肃北岩画
陈广磊/摄

焉支山下的村庄
杨　青/摄

祁连山孕育出众多河流，由南向北流入河西走廊，在干旱的土地上滋养出一连串的绿洲，祁连山北麓的武威、金昌、张掖、酒泉正是建立在一个个绿洲之上。一连串绿洲的存在，让张骞和后来者们可以沿着绿洲进入西域，中原王朝不再蜷缩一隅，开始与广阔的外部世界展开了密切交流。

秦末汉初雄踞北方草原的匈奴一度占领了整个祁连山北麓地区，祁连山即由此得名，“祁连”是“天”的意思，祁连山即天山之意。霍去病大军西进，败走漠北的匈奴哀叹到：“失我焉支山，令我妇女无颜色。失我祁连山，使我六畜不蕃息。”

作为丝绸之路的重要一段，这里是中西文化的交流要道，这种交流在唐代达到了顶峰，也带动了河西走廊经济的蓬勃发展。

而在现在，这里也生活着蒙古族、裕固族、藏族等多个少数民族。

白水江分局所在的岷山北部是藏族其中一个分支——白马人的主要聚居区，有学者们考证，白马人是我国古代氐人的后裔，虽无文字，却具有丰富的语汇，不同于藏语，不信佛，以土葬为主，实行严格的族内婚，无论男女头戴圆型荷叶边毡帽，上插一根或几根白鸡尾毛作为民族标志。他们崇拜自然，日、月、山、水、火、石、树等，世代与大熊猫生活在一起，在氐人强大时，曾将大熊猫作为图腾，标识于战旗上，视其为神兽，进山都不准打扰大熊猫，违者要受到众人的谴责或惩罚。

裕固族源于中国古代的回鹘和蒙古族，现分布于河西走廊的中部和祁连山北坡中段，其热情而略带粗犷的性格，源自他们浓郁的草原情结。

酒泉分局所在的肃北蒙古族自治县的主体民族是蒙古族，清朝中后期由青海厄鲁特蒙古中的和硕特部而来，由于历史、地理、气候等方面的原因，形成了与其他地区蒙古族在语言、服饰、饮食、居住、婚姻、祭祀等习惯上不尽相同、独具特色的民族风情。

藏族传统的五色经幡
张掖分局/供图

蒙古族婚礼
**戴友春/摄**

# 从南向北的各分局

从东南方向茂密而幽静的熊猫森林到西北方向壮美而反差极大的荒漠和湿地，大熊猫祁连山国家公园的各个区域多样而各具特色。根据《大熊猫国家公园体制试点方案》和《祁连山国家公园体制试点方案》，甘肃管理局从南到北分为白水江分局、裕河分局、张掖分局和酒泉分局。

## 白水江分局

白水江分局辖区的主体是甘肃白水江国家级自然保护区，位于甘肃省最南端，行政区划上隶属陇南市武都区、文县。总面积为18.3799万公顷，其中，核心区9.0158万公顷、缓冲区2.6132万公顷、实验区6.7509万公顷，森林覆盖率为87.3%。

保护区的主要任务是保护大熊猫、珙桐等多种珍稀濒危野生动植物及其赖以生存的自然生态环境和生物多样性，区内共有脊椎动物485种，隶属32目98科273属，占甘肃省脊椎动物总数的65.45%，其中，兽类77种，鸟类275种，鱼类68种，两栖爬行类65种。有国家重点保护野生动物52种，国家一级重点保护野生动物有大熊猫、金丝猴、羚牛、豹等10种，国家二级重点保护野生动物有42种，其中，兽类16种、鸟类24种，两栖类2种。

白水江自然保护区共有高等植物197科2160种，是甘肃珍稀濒危植物分布最集中的地区，有珍稀濒危植物38科63属71种及变种，其中，国家一级重点保护野生植物4科4属6种，国家二级重点保护野生植物14科19属21种，甘肃省保护植物30科42属43种。

1978年，甘肃白水江国家级自然保护区经国务院批准建立，1993年7月加入中国人与生物圈网络，2000年11月加入世界人与生物圈网络，在“中国生物多样性保护综述”中列为“A”级，是具有全球意义的保护区。2003年1月，白水江自然保护区被列为全国林业持续发展项目保护地区管理部分13个项目保护区之一，通过引入新的管理理念和方法，加强了保护区建设和管理，为保护区建设和大熊猫保护探索出了一条新的发展之路。

《 10月下旬是白水江色彩最丰富的季节，文县沟清澈的水流边，森林呈现出深绿、浅黄、金黄、鲜红等绚烂的颜色
王钧亮/摄

## 裕河分局

裕河分局辖区的主体是甘肃省裕河自然保护区，位于甘、陕、川三省毗邻的秦岭山系与岷山山系交汇地带，是以川金丝猴、大熊猫及其栖息地为主要保护对象的野生动物类型自然保护区。

裕河自然保护区位于甘肃省陇南市武都区境内，东邻陇南市康南林业总场和陕西青木川国家级自然保护区，南连四川毛寨省级自然保护区，西北与武都区洛塘林场接壤，西南与甘肃白水江国家级自然保护区相望，总面积51058公顷，其中，核心区面积20696公顷，缓冲区面积9678公顷，实验区面积20684公顷。最高海拔2472米，最低海拔660米，属典型的亚热带气候。

裕河自然保护区内有脊椎动物28目86科323种，其中，鱼类2目4科24种，两栖类2目8科15种，爬行类3目8科28种，鸟类14目41科185种，哺乳类7目25科71种。其中，国家一级重点保护野生动物有大熊猫、豹、川金丝猴、羚牛、林麝、金雕等6种，国家二级重点保护野生动物有猕猴、斑羚、鬣羚、小熊猫、黑熊、豹猫、红腹锦鸡等38种。

裕河自然保护区内有高等植物共159科695属1552种，包括蕨类植物127种、裸子植物31种、被子植物1394种。其中，国家一级重点保护野生植物有红豆杉、南方红豆杉、珙桐、光叶珙桐、独叶草等5种；国家二级重点保护野生植物有香果树、岷江柏木、红豆树、水青树、连香树、喜树等12种。

裕河自然保护区原始森林景观
白永兴/摄

## 张掖分局

张掖分局辖区的主体是甘肃祁连山国家级自然保护区。

甘肃祁连山国家级自然保护区位于祁连山北坡中、东段，地跨武威、金昌、张掖3市的凉州、天祝藏族自治县、古浪、永昌、甘州、山丹、民乐、肃南裕固族自治县8县（区），总面积198.72万公顷，其中，核心区50.41万公顷，缓冲区38.74万公顷，实验区109.57万公顷，并设有外围保护地带66.6万公顷。

1987年10月，甘肃省人民政府批准祁连山自然保护区为省级自然保护区。1988年5月，国务院批准祁连山自然保护区成为国家级森林和野生动物类型自然保护区。1995年被中国“人与生物圈”保护委员会批准纳入中国“人与生物圈保护区”。2008年，在环境保护部公布的《全国生态功能区划》中，将祁连山区确定为水源涵养生态功能区，将“祁连山山地水源涵养重要区”列为全国50个重要生态服务功能区之一。

保护区内分布有高等植物95科451属1311种，其中，国家二级重点保护野生植物有发菜、冬虫夏草、瓣鳞花、红花绿绒蒿、羽叶点地梅、山莨菪等国家二级重点保护植物6种，列入《濒危野生动植物种国际贸易公约》的兰科植物有12属16种。已查明分布的野生脊椎动物有28目63科286种。其中，鸟类196种、兽类58种、两栖爬行类13种。国家一级重点保护野生动物有雪豹、白唇鹿、野驴、野牦牛、马麝等14种，国家二级重点保护野生动物有马鹿、猞猁、蓝马鸡等39种。

祁连山中段，草地和森林广布，在河西走廊地区的水源涵养中发挥着重要的作用
**胡学斌/摄**

## 酒泉分局

酒泉分局辖区的主体是甘肃盐池湾国家级自然保护区。

甘肃盐池湾国家级自然保护区于2006年2月经国务院批准晋升为国家级自然保护区，是以雪豹、白唇鹿、野牦牛等高原珍稀野生动物保护为主的超大型自然保护区，总面积136万公顷。保护区位于青藏高原北缘，祁连山西端，孕育了冰山冻土、高山寒漠、高山草甸草原、湿地和荒漠生态系统。

保护区分布着丰富的野生动植物资源，有脊椎动物135种22目48科，其中，列入国家一、二级重点保护野生动物名录的38种；列入濒危野生动植物国际贸易公约（CITES）附录的有35种。已记录分布的维管植物有46科183属421种，其中中国特有种109种。保护区是祁连山高原有蹄类野生动物的集中分布区，是黑颈鹤、斑头雁等候鸟及留鸟的繁殖区；也是我国西部候鸟南北迁徙途中歇息的必经通道。保护区所处疏勒河、党河、榆林河的上游，有湿地15.03万公顷，冰川7.8万公顷。其中，冰川占祁连山冰川的42%，冰川和湿地在祁连山疏勒河流域水源涵养、水土保持方面有着无可替代的重要作用，是敦煌、瓜州、玉门、肃北、阿克塞5县市重要的水源地，也是河西走廊重要的生态屏障。

保护区被列入全球雪豹及其生态系统保护计划，是全球优先保护的23个雪豹栖息地景观之一；被批准分别加入中国人与生物圈保护区网络和国际重要湿地名录。

盐池湾的草原、湿地和雪山
陈广磊/摄

# 鸟瞰

*最南端：摩天岭

*三省交界处：鹰嘴岩

*祁连山，从森林到雪域

*黑河的源头：八一冰川

大草堂区域正处在摩天岭中段，
以北是甘肃白水江国家级自然保护区，
以南是四川唐家河国家级自然保护区，
这里不仅是大熊猫的栖息地，
还能不时见到羚牛、绿尾虹雉等珍稀动物。

**摩天岭**横亘在甘肃省最南端，
由西向东，阻隔南北，山峰陡峭，高耸险峻。
摩天岭是岷山的一条支脉，海拔最高处达四千多米，
成为甘肃与四川两省的天然分界线。

《 大草堂云海
邓建新/摄

摩天岭
最南端

摩天岭区域气候温暖，降水丰富，森林密布。这里因海拔的不同分布着多种森林类型，而在海拔1000米以下多为常绿落叶阔叶混交林带，郁郁葱葱，生机盎然。

《 白水江李子坝区域的森林与溪流瀑布
**邹　滔/摄**

鹰嘴山地处甘、陕、川三省交界处，站在山顶俯瞰，裕河深秋的山林五彩斑斓。

鹰嘴山秋景
汪　洋/摄

鹰嘴岩
三省交界处

祁连山
从森林到雪域

祁连山中段，寺大隆保护站桦木沟有着良好的植被，高大茂密的青海云衫林布满阴坡，而阳坡则是大片开阔的草原
**胡学斌、张明年/摄**

俯瞰祁连山岭龙岭北麓的山丹军马场，茂密的青海云衫林如同奋力向上的支支箭头，充满生命力
陈广磊/摄

怪石嶙峋的山峦上，祁连圆柏和灌丛是阳坡主要的植被
张掖分局/供图

祁连山中段向西，地形的差异造就了奇特的斑块状森林。由于降水的减少，这里的植被逐渐从森林向草原过渡。

祁连山中段“九排松”
张掖分局/供图

从界山达坂远眺祁连山主峰，雪山下是连绵起伏的广阔草原
邰明姝/摄

祁青保护站附近的荒漠中，植被稀少，耐旱的禾本科和藜科植物成为主角
**陈广磊/摄**

继续向西，祁连山西段的降水极为稀少，草原逐渐过渡为荒漠。

鱼儿红地区的广袤荒漠
**陈广磊/摄**

广阔的荒原中出现大片生机盎然的湿地，来自雪峰和冰川的融水造就出独特的湿地生态系统，这里是酒泉分局的党河湿地
色拥军/摄

一场大雪过后，祁连山金色的草原和山峦变换了颜色，
洁白的积雪将这里装点得银装素裹
**张掖分局/供图**

八一冰川处在甘肃省和青海省的交界处，是一个发源于平缓山顶的冰帽型冰川。这里是中国第二大内陆河——黑河的源头。冰川长2.2千米，面积2.81平方千米，冰川末端海拔4520米，最高点海拔为4828米。

张掖分局/供图

# 万物共生

*大熊猫：岷山深处的隐士

*雪豹：雪山王者

*豺：野外种群的最后希望

*黑颈鹤：荒漠旁的繁殖地

*文县疣螈：世界上最稀少的两栖动物之一

*珍稀植物：藏在深山

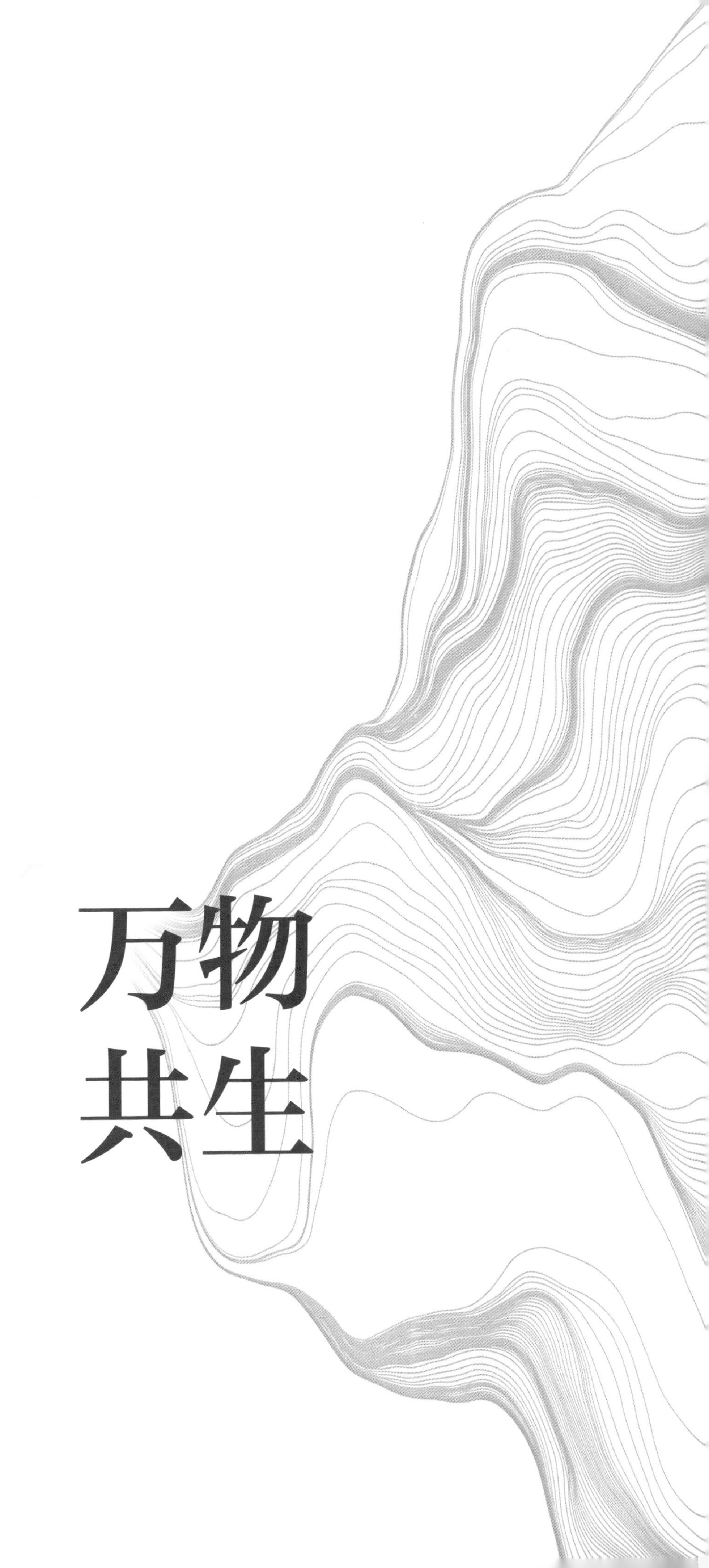

大熊猫国家公园和祁连山国家公园是我国第一批10个国家公园体制试点区域，这里保留下的完整自然生态，庇护着种类和数量惊人的野生动植物。其中不乏在全国甚至全球范围内珍稀濒危、有代表性、有重要保护价值的物种，从妇孺皆知的大熊猫到鲜为人知的珍稀植物，它们的故事，既有充满曲折的过去，也昭示着国家公园的未来。

雪山下，一群藏野驴（*Equus kiang*）悠然漫步在植被稀少的荒野中
色拥军/摄

》 董 磊/摄

如果要评选全世界最可爱的野生动物，大熊猫一定是最热门的候选者。大熊猫已在地球上生存了至少800万年，作为这个星球上最为人熟知的动物，这种浑身黑白相间胖乎乎的动物受到了世界各地人们的关注和喜爱，属于国家一级重点保护野生动物，被誉为“活化石”和“中华国宝”，也是世界生物多样性保护的旗舰物种。

1869年，来到四川宝兴的法国传教士阿尔芒·戴维神父，在科学意义上第一次发现大熊猫。自此，这个原本少人知晓的物种，开始受到国内外各界的关注。截至2018年，我国在大熊猫分布区已建立了67个自然保护区，其中28个是国家级自然保护区。在大熊猫现今栖息的六大山系，即秦岭、岷山、邛崃山、大相岭、小相岭、大小凉山中，岷山山系种群数量最多，占到了总数的43%。

# 大熊猫

## 岷山深处的隐士

根据《大熊猫国家公园体制试点方案》，大熊猫国家公园白水江片区总面积2571平方千米，其中，大熊猫栖息地面积1119平方千米，潜在栖息地面积约900平方千米，占甘肃省大熊猫栖息地面积的59.3%，分布野生大熊猫数量111只，占甘肃省野生大熊猫总数的84.9%。片区涉及2个自然保护区、2个林场，主要是由甘肃省白水江国家级自然保护区和甘肃省裕河自然保护区构成。重要的是，这里地处岷山北坡与秦岭山地的过渡地带，连接着甘肃、四川、陕西三省的大熊猫栖息地。

20世纪70年代初，岷山山系森林大幅消失，野生动物栖息地大面积减少，加之1976年发生两次7级以上地震，紧接着是岷山地区竹子大面积开花，给大熊猫的生存带来了灭顶之灾。为此，1976年11月，文县成立了保护抢救大熊猫领导小组，从野外救回病饿大熊猫12只。在国家高度关注下，1978年5月，白水江自然保护区在1963年划定的让水河金丝猴保护区的基础上应运而生。为了更好地保护大熊猫，自然保护区建设了保护站，成立了森林公安局，建立了县、局、乡护林联防组织，组建了地县野生动物保护协会。同时，开展了大熊猫抢救与驯养繁殖工作，保护区大熊猫出访了澳大利亚和新西兰。

上图：春天，一只野生亚成体大熊猫出现在灌木林下（*Ailuropoda melanoleuca*）
**白水江分局/供图**

左页图：大熊猫母子“同框”，在白水江分局辖区内活动
**白水江分局/供图**

从1992年到2008年，保护区一方面大力开展基础设施建设及保护区基础资料的完善工作，一方面将大量的精力投入到了林政管护。2004年，白水江自然保护区完成了综合科学考察，查清了区内动植物、水文、气象等各类资源状况，为保护区走上科学化管理轨道打下了坚实基础。纵观40年来，白水江地区大熊猫数量变化曲线先呈现锐减趋势，然后经历平稳过渡，现在呈缓慢上升的趋势。

大熊猫国家公园的建立，将加快大熊猫栖息地的整体保护和系统修复，促进各栖息地斑块间的融合，增进大熊猫栖息地的联通性、协调性、完整性，实现各区域大熊猫种群间的交流。

雪豹
雪山王者

《 祁连山中段，傍晚温暖的光线里，一只雪豹（*Panthera uncia*）漫步在岩石边，这片草甸与裸岩相间的土地是它的领地

**张掖分局/供图**

《 左页图：雪豹主要生活在高海拔地区的裸岩地带，岩体上的尿液痕迹就是他们用来标记地盘和寻找配偶的方式
**张掖分局/供图**

》 右上图：在猫科动物的大家庭中，除了狮子群居外，其他都是独居动物，雪豹也是如此。冬日，一只雪豹在雪地上孤独前行
**张掖分局/供图**

右下图：雪豹有时也会追随着猎物或是一些偶然原因进入低海拔区域。这张由红外相机拍摄的照片里，一只雪豹进入了针叶林中，沿着兽道独自前行
**张掖分局/供图**

雪豹是独居动物，一年里只有在春季发情期能看到两只成年雪豹生活在一起。这个架设在高山裸岩区域的红外相机，记录下了难得的雪豹求偶画面。在短暂的甜蜜时光过后，它们将各奔东西，由雌雪豹独自孕育、生产和哺育幼崽

**张掖分局/供图**

雪豹是青藏高原高寒生态系统中的旗舰物种，它们全身灰白色，暗色斑纹，尾长而粗大，生活在海拔2500米以上的高山裸岩、高山草甸、高山灌丛中，主要以数量众多的岩羊等大型食草动物为食。雪豹在每年11月开始进入发情期，2～4月交配，6～8月产仔，因而从11月到第二年4月是雪豹活动比较频繁的时期。

《 一般来说，雪豹每胎生产1～2个幼崽，但隆畅河保护站拍摄到难得的4只雪豹同框画面，这是雪豹母亲带着3个幼崽夜晚外出捕食

**张掖分局/供图**

右页图：清晨，一只雪豹漫步在广阔的草地上，饥肠辘辘的它正在伺机寻找食物

**色拥军/摄**

下图：祁连山栖息着数量众多的岩羊，这是雪豹最主要的食物来源

**王　进/摄**

全世界现存雪豹4000～6000只，中国是雪豹分布范围最广、数量最多的国家，占全世界的40%左右。祁连山是我国雪豹重要的分布地，自2013年祁连山地区开始进行雪豹监测工作以来，已经在数百部布设的红外相机中拍摄到众多雪豹的图片和视频资料。2018年，盐池湾布设的红外相机记录下的多只雪豹独自活动的场景，有的正翘起尾巴在岩石上进行尿液标记，有的被雨淋湿，还捕捉到1母3子同框的画面。同年，调查队员在隆畅河保护站辖区监控点上，第一次获取到了雪豹求偶和交配的画面和声音，这段珍贵视频在国内乃至国际上都非常罕见。

这些研究证明，雪豹在祁连山的分布较为密集，经北京林业大学野生动物研究所初步测算，仅盐池湾就生活有雪豹188～350只。随着天保工程、大规模禁牧和生态移民搬迁等生态保护恢复建设项目的深入实施，祁连山区域雪豹的生存压力明显减小，呈快速恢复的态势。

高海拔的裸岩和草地是雪豹主要的栖息地

**董　磊/摄**

# 野外种群的最后希望 豺

豺（*Cuon alpinus*），这样一种普通人都耳熟能详的动物，在我们生活里却显得如此陌生。

豺也叫亚洲野犬，是脊索动物门哺乳纲食肉目犬科豺属中的唯一物种。从外观上来看，豺身体黄棕色，长得既像狐狸又像狼。它们擅长以群体合作的方式追捕猎物，虽然单个个体体型并不大，但团队的战斗力仅次于虎、豹等大型猫科动物。在中国的大部分森林，它们是维护森林生态系统健康非常重要的顶级食肉动物，大种群的豺可以控制如羚牛、水鹿、野猪等大型食草动物的种群数量，是一个完整健康的森林生态系统不可或缺的成员。

在中国的传统文化里，豺扮演着非常重要的角色。豺狼虎豹、豺狼当道、豺狼成性、党豺为虐、豺狼野心……作为在传统文化里知名度甚高的物种，豺曾经频繁地出现在我们的生活里，但现在，已经少有人听说和了解过豺的信息。

根据近10年内野外调查的结果，中国只有6个省份有豺的确切记录，它们基本都环绕在青藏高原边缘，曾经生活过豺的东北、华北、华南和华中，都已经不再有豺的踪迹。作为曾经在中国广布的物种，豺如今的栖息地分布已经非常狭窄，它们正悄无声息地在我们眼前消逝。究其原因，栖息地减少、盗猎、猎物缺乏、人为干扰、种间竞争、家犬传播疾病以及自然灾害等，都可能是压垮豺种群的那根稻草。

还好，祁连山为我们展现出一线希望。近些年来，祁连山区域的各个自然保护区，借助红外自动相机，拍摄下众多豺活动的身影。除了在祁连山自然保护区堵路围车的豺群，盐池湾自然保护区大量关于豺的镜头里也记录了一家3只小豺的成长，2015年更是拍摄到一群豺在绝壁之上围捕岩羊的视频。而在青海一侧，门源和天峻也有不少镜头记录。从国外的观察来看，豺一般三五成群或十只八只一起活动，甚至有40只的大群被报道，但迄今为止，国内记录到的豺大部分都只拍到一两只，数量最多的是在祁连山自然保护区的一群，共9只。

除了豺，祁连山也是国内其他犬科动物的集中分布区，包括狼、赤狐、沙狐、藏狐等。20世纪，豺和狼因捕食家畜，曾一度与当地的牧民关系紧张，也因人为肆意捕杀而几乎灭绝。随着野生动物保护力度的加大和人们法制观念的增强，这些动物的种群在甘肃祁连山区逐步恢复。

“豺”生艰难，但至少，我们还有希望。

左页图：红外相机镜头下，一只豺行走在阳光中，黄棕色的毛发闪着光芒
**酒泉分局/供图**

下图：雪原上豺群出没，共同搜寻着食物
**酒泉分局/供图**

》 色拥军/摄

在全世界的15种鹤中，我国分布着9种，是拥有鹤种类最多的国家。这其中，黑颈鹤（*Grus nigricollis*）是唯一一种繁殖和越冬都在高原上的鹤类，栖息于海拔2500～5000米的沼泽、草甸及河滩地带，被列为国家一级重点保护野生动物。

黑颈鹤
荒漠旁的繁殖地

1876年，俄国著名的探险家、博物学家尼古拉・普热瓦尔斯基在青海湖首先发现黑颈鹤，他采集到标本进而命名，这在所有鹤中是发现最晚的一种，但相关的研究和了解非常缺乏。一百多年后，根据1983年国际鹤类保护会议上的数据显示，当时全球仅200余只黑颈鹤。近几十年来，由于保护工作的加强和新越冬地、新越冬种群的发现，黑颈鹤野生种群数量不断上升，现有种群数量在10000只左右。目前，中国以保护黑颈鹤为主的自然保护区共有15个，其中国家级自然保护区3个，共同致力于黑颈鹤的长期保护。

根据环志和卫星跟踪研究的结果推断，黑颈鹤大体分为西部、中部、东部3个种群，它们每年10月至次年4月南迁到藏南地区和云贵高原越冬，夏季全部北迁到青藏高原繁殖。其中，西部种群约4600只，繁殖于新疆东南部、青海西部、西藏中西部，在西藏中南部的雅鲁藏布江河谷地带越冬，少部分飞越喜马拉雅山到不丹越冬；中部种群约800只，繁殖于青海南部，越冬于云南西北部的横断山区；东部种群约3600只，繁殖于四川北部若尔盖草原，越冬于云南东北部和贵州西北部的乌蒙山区。

每年春季，南去越冬的黑颈鹤返回盐池湾的党河湿地，又开始一年的繁殖
董　磊/摄

一只斑头雁误入黑颈鹤的巢域，遭到了亲鸟迎头痛击，几个回合之后，入侵者被赶了出去
色拥军/摄

祁连山是黑颈鹤所有繁殖地里最靠北的一个，盐池湾的党河湿地、黑河上游湿地广袤富饶，每年为黑颈鹤的繁殖提供了良好的栖息环境。4月冰雪初融，湿地草甸还未返青，一批又一批候鸟争相前来。黑颈鹤身材高大，身高1.2～1.5米，头顶鲜红，羽毛洁白，时而在湖边嬉戏，时而集群翱翔在天空。远处雪山连绵，在阳光的照射下银光闪闪，近处湖水倒映着雪山、蓝天、白云和飞鸟，绘就了一幅候鸟天堂画卷。经过求偶、产卵、孵化的漫长时间，11月，河道渐渐封冻，黑颈鹤幼鸟的飞行训练也已完成，他们排成“一”字或“V”字队形，开始向南方的越冬地迁徙，开启生命中第一次“长途旅行”。

右图：不同于繁殖季的成对活动，在迁徙季多个黑颈鹤家庭会集结成大群，共同开始向南方越冬地的“长途旅行”
邹　滔/摄

下图左：繁殖时期的黑颈鹤时常在一起追逐、奔跑，时而引吭高歌，时而翩翩起舞
酒泉分局/供图

下图右：四面环水的草甸是筑巢的理想地点，即方便舒适，又能远离天敌。这只黑颈鹤幼鸟正在巢中等待着父母觅食归来
酒泉分局/供图

文县疣螈
世界上最稀少的两栖动物之一


## 文县疣螈（*Tylototriton wenxianensis*）：世界上最稀少的两栖动物之一

说到喜湿的两栖动物，甘肃省内的资源分布并不算丰富。据科研人员的相关研究统计，甘肃省仅有有尾两栖动物3种，隶3属3科1目，它们是西藏山溪鲵、大鲵和文县疣螈，而这其中最为珍稀的无疑是文县疣螈。

文县疣螈，顾名思义，这个物种确实和陇南这片土地关系密切。1984年，文县疣螈首先在文县发现，被定为细痣疣螈文县亚种，经后续研究上升为独立种，1990年被定名为文县疣螈。

文县疣螈外形酷似大鲵的幼体，被当地老百姓俗称为“山娃娃鱼”，隶属于两栖纲有尾目蝾螈科疣螈属。体长11～14厘米，通体黑褐色，而四指和尾下皮肤橘红色。成年疣螈以陆栖为主，每年5月左右进入泥塘繁殖。一只雌性文县疣螈产卵数30～50粒，堆成小堆。幼体具外鳃，1～1.5年完成变态，变态前完全水栖。

文县疣螈是目前世界上最稀少的两栖动物之一，目前仅在甘肃文县，四川青川、重庆奉节、贵州雷山等狭小地域内发现过实体。因其分布范围不足2万公顷，分布区严重分裂，生境的丧失和破碎化加剧、遗传多样性丧失等诸多因素导致其种群数量迅速减少，2006年IUCN将其定为易危（VU）等级，是中国的特有物种，其模式产地正是地处白水江分局的甘肃文县碧口镇李子坝村。

特别的是，这样珍稀的一个物种并不藏身于偏僻的高山深谷，而就生活在村庄周围，与当地人生产生活的环境密切接触。在李子坝村，文县疣螈成片状分布，其分布海拔为1000～1400米，最高海拔不会超过1600米。溪流边的沟汊、茶园里的水沟、房屋边的泥塘，都是它们可能出现的地点。当地村民也对此见惯不怪，不会主动伤害它们，而是彼此相安无事，共享同一方自然天地。

但与人的距离过近也容易带来威胁，它们的栖息地正受到不同程度的侵蚀和影响，数量可能还在进一步下降。保护其栖息地不被破坏和污染，人工增建小泥塘，这样的措施是让这一珍稀物种种群得以延续最有效的手段。

左页图：文县疣螈幼体时期完全水栖
**滕继荣/摄**

下图：文县疣螈成螈
**何礼文/摄**

# 珍稀植物
# 藏在深山

相对于北部祁连山的雄浑干旱，南部的岷山、秦岭山地无疑更为青翠湿润。

这里湿润的气候和高中山地貌为植物的发育创造了良好条件，集亚热带、暖温带、中温带和寒温带山地的多种代表性植物群落于一体，汇聚了中国—日本、中国—喜马拉雅、青藏高原三大植物区系成分，既是甘肃种子植物最丰富、最集中、自然生态系统保存最完整的地区，又是珍稀濒危植物集中分布的地区。

何礼文/摄

左页图：香果树（*Emmenopterys henryi*）是茜草科香果树属的落叶大乔木，高可达30米，叶片阔椭圆形、阔卵形或卵状椭圆形，种子多数，6～8月开花，8～11月结果。生长在海拔430～1630米处的山谷林中，喜湿润而肥沃的土壤。列为国家二级重点野生保护植物

**白永兴/摄**

红豆树（*Ormosia hosiei*）属豆科红豆属，为常绿或落叶乔木，高20米以上，胸径可达1米，列为国家二级重点保护野生植物

**白永兴/摄**

连香树（*Cercidiphyllum japonicum*）为连香树科连香树属的落叶乔木，高10～20米。主要生长在温带，是第三纪古热带植物的孑遗种单科植物，较古老原始，雌雄异株，结实较少，天然更新困难，种群稀少，列入国家二级重点保护野生植物

**白永兴/摄**

红豆杉（*Taxus wallichiana* var. *chinensis*），乔木，高达30米，胸径达60～100厘米，种子生于杯状红色肉质的假种皮里。常生于海拔1000～1400米以上的山地林下，为我国特有树种，列为国家一级重点保护野生植物

王　进/摄

水青树（*Tetracentron sinense*），水青树科落叶乔木，高可达30米，胸径达1.5米，水青树是第三纪古老孑遗珍稀植物，生于海拔l600～2200米的沟谷或山坡阔叶林中，木材无导管，对研究中国古代植物区系的演化、被子植物系统和起源具有重要科学价值，列为国家二级重点保护野生植物

**白永兴/摄**

珙桐（*Davidia involucrata*），是珙桐属的落叶乔木，花期4月，果期10月。珙桐是世界著名的珍贵观赏树，有“植物活化石”之称，因其花形酷似展翅飞翔的白鸽而被西方植物学家命名为“中国鸽子树”，是距今6000万年前新生代第三纪古热带植物区系的孑遗种，中国特有的单属植物，国家一级重点保护野生植物

**王建宏/摄**

白水江分局辖区已查明的维管植物有225科984属2858种，仅种子植物即有136科813属。珍稀濒危植物70余种，其中国家一级重点保护野生植物有珙桐、光叶珙桐、银杏、独叶草、红豆杉、南方红豆杉6种，国家二级重点保护野生植物有秦岭冷杉、岷江柏木、巴山榧树、连香树、水青树、水曲柳、香果树、油樟、红椿、西康玉兰等21种。

它们或为古老植物的珍稀孑遗种，或为单属科、单种属、寡种属植物，或为我国特有种，或为世界著名的观赏植物、园林绿化树种、行道树，或为经济树种、药用植物、用材树种及重要的工业原料，对研究植物区系和系统发育，对揭示某些类群的起源和演化，对古气候、古地理研究都具有重要意义。有的具有独特的科学价值，有的具有重要的经济价值。

这些珍稀植物如同藏身于森林的珍宝，更证明了保护好这片山林，建设大熊猫国家公园的重要意义所在。

独叶草（*Kingdonia uniflora*）为多年生小草本，生长在海拔2750～3900米的山地冷杉林下或杜鹃灌丛下。独叶草以无性繁殖为主，属环境依赖型植物，对生存环境要求近乎苛刻，被认为是优异生态环境的“天然指示器”，对研究被子植物的进化和该科的系统发育有科学意义，列为国家一级重点保护野生植物
王　飞/摄

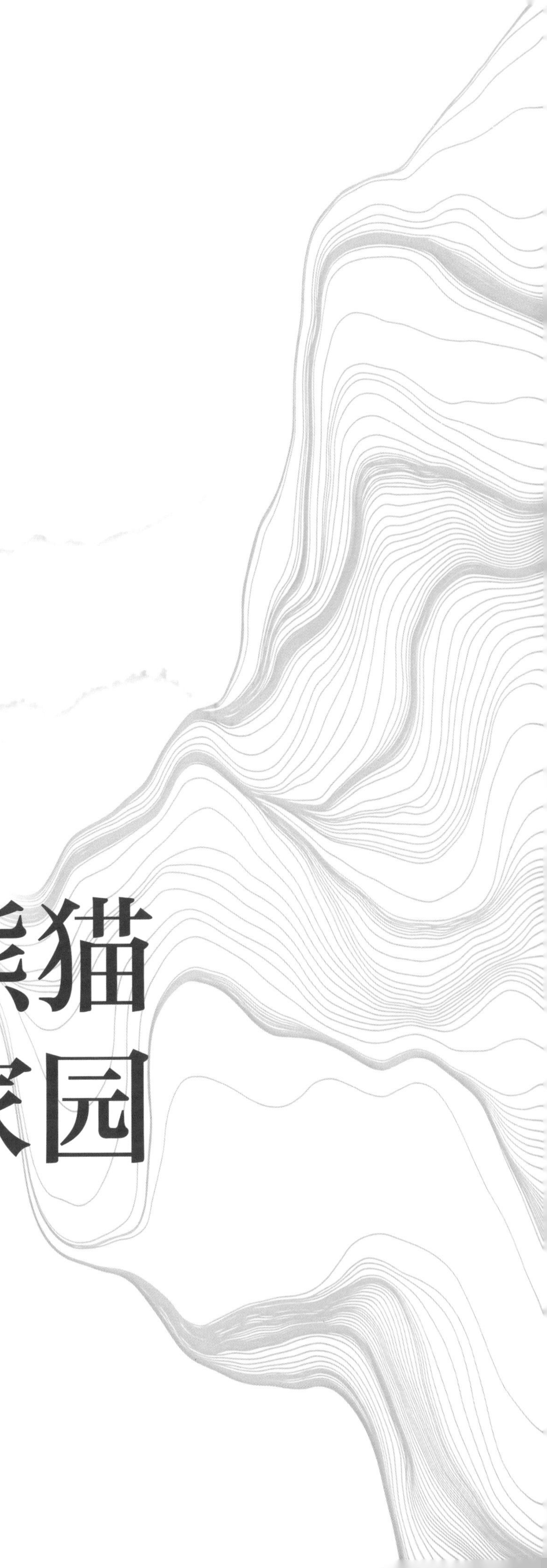

# 熊猫家园

*陇上江南

*大熊猫和它的邻居们

*兰花天堂

*微观世界

︽ 晨光里裕河分局的山峦重重叠叠

汪　洋/摄

陇上江南

白水江分局与裕河分局所在的陇南山地是甘肃省最绿的地方，地处亚热带和暖温带的交汇地带，岷山与秦岭在此交汇，这里是甘肃省植物最丰富、森林最完整的地区，因而被称为“陇上江南”。

裕河分局秋日里斑斓的森林，这是大熊猫重要的栖息地
路家兴/摄

这里植物群落的组成非常复杂，从山麓到高山，拥有我国亚热带、暖温带、中温带和寒温带的多种代表性植物群落类型。

在气候垂直分异的驱动下，形成了比较完备的植被垂直景观带，自下而上依次：海拔900（1000）米以下为常绿阔叶林带，主要常绿树种有柏木、桤木、杉木、马尾松、铁坚油杉、油樟等；海拔900（1000）～1600米以下为常绿落叶阔叶混交林带，主要为次生灌丛及人工林，仅存部分原始林，主要树种栎类、油桐、化香、漆树、棕榈等；海拔1600～2100米为落叶阔叶林带，大多为次生林，主要树种栎类、山杨、桦、槭等；海拔2100～2900米为针阔叶混交林带，主要树种除栎类、山杨、桦、槭、椴外，2300米以下混有华山松、三尖杉、铁坚油杉等，2300米以上为云杉冷杉为主的混交林，林下竹灌丛生长繁盛；海拔2900～3450米为亚高山针叶林带，主要为冷杉、云杉、柏、铁杉等组成的针叶纯林，下木多竹灌丛；海拔3450米以上为高山灌丛草甸带，本带大部分岩石裸露，散生有绣线菊、杜鹃花、竹类等灌丛，间断有成片苔草草地。

这里的植物区系汇聚了中国—日本、中国—喜马拉雅、青藏高原三大植物区系成分，是我国动植物保护的关键地区和生物多样性研究的热点地区。仅竹类就有8属18种1变种，其中，大熊猫主食的竹类有缺苞箭竹、青川箭竹、龙头竹、糙花箭竹、团竹5种，分布面积6.08万公顷。

寒冬已至，白水江的森林雪白一片
茂盛的植物为大熊猫等野生动物提供了安全的居所
何礼文/摄

茂密的森林孕育出水量丰沛的溪流，
图为裕河分局岷堡沟林场椒树湾沟
**王钧亮/摄**

大熊猫
和它的邻居们

陇南山地不仅是大熊猫的理想栖息地，也是其他众多野生动物的天堂。据初步统计，大熊猫国家公园内有脊椎动物641种，其中，兽类141 种、鸟类38 种、两栖和爬行类动物77种、鱼类85种。有大熊猫、川金丝猴、云豹、金钱豹、雪豹、林麝、马麝、羚牛、中华秋沙鸭、玉带海雕、金雕、白尾雕、白肩雕、胡兀鹫、绿尾虹雉、雉鹑、斑尾榛鸡、黑鹳、东方白鹤、黑颈鹤等国家一级重点保护野生动物22种，国家二级重点保护野生动物94种。

朝霞东升，薄雾渐起，在各种山雀、柳莺清脆欢快的鸣叫中，沉睡了一夜的森林开始慢慢醒来。大熊猫伸伸懒腰，离开卧穴钻进竹林开始漫长的用餐；毛冠鹿和小麂穿行在开阔的林间，不停吃草却又充满警惕；金丝猴一家卧在枝头，开始相互亲昵问候，幼仔们则在枝头荡来荡去，一阵喧闹；河边，水獭结束了一晚的捕鱼，正满意地准备钻进石洞休息；高大的黄脚渔鸮站在河边的茂密枝干上，紧盯着水里鱼儿的一举一动；林草相接的地方，高山灌丛草甸里，羚牛三五成群，开始一天的森林游荡……

保护大熊猫及其栖息的生态环境，也使得这片区域内多种多样的野生动植物受到保护

白水江分局/供图

《 明亮而清澈的眼睛，淡蓝色面颊，身披金发，这是著名的“深山美猴王”—— 川金丝猴（*Rhinopithecus roxellana*）。为国家一级重点保护野生动物，主要栖居在中国四川、陕西、甘肃、湖北境内的崇山峻岭中

**李利伟/摄**

晴朗的冬日里，川金丝猴家庭下到地面，嬉戏觅食。川金丝猴是全世界五种金丝猴中数量最多、分布最广的一种，也是我国特有物种，国家一级重点保护野生动物。主要栖息在我国西南海拔1500～3500米的阔叶林和针叶混交林，分布地基本与大熊猫重合。常年在树上生活，很少下地，群居，每群20只至数百只不等

**白水江分局/供图**

右页左图：母爱

**白永兴/摄**

右页右图：童年

**白永兴/摄**

上图：夏季，羚牛（*Budorcas taxicolor*）从低海拔垂直迁徙到高海拔的草甸里。羚牛别名扭角羚、牛羚，国家一级重点保护野生动物。体型巨大，四肢强健，角形特殊，先向上长一小段，突然向外翻转，再向后向内扭转，故名“扭角羚”。羚牛多在夏季集群，为避暑而向高山迁移，食物多种多样，其中以禾本科、百合科、蔷薇科、杜鹃科和伞形科的种类较多。但在食物缺乏的冬季，竹类则成为他们的主要食物。多在6～9月发情，孕期250～265天，每胎多为1仔

**邓建新/摄**

右图：成年羚牛

**肖　飞/摄**

上图：羚牛有雌性集群共同养育幼崽的习性
邓建新/摄

右图：羚牛幼崽
任景成/摄

《 大熊猫栖息地同样庇护着众多食草动物，包括珍稀的林麝（*Moschus berezovskii*）。林麝是国家一级重点保护野生动物，性胆怯、独居，活动范围相对稳定，但不同季节有垂直迁移习性。雄性领域性很强，经常用尾腺分泌物在树干上标记

**裕河分局/供图**

《 中华鬣羚（*Capricornis milneedwardsii*）是国家二级重点保护野生动物。外形似家羊，但体型较大，体重50～70千克，颈、肩背面有浅棕色长鬣毛。遇敌即向险峻的石山顶奔跑，迅速攀上人和其他动物无法行走的悬崖峭壁

**裕河分局/供图**

小麂（*Muntiacus reevesi*）是我国特有物种。外形似赤麂，但体型比赤麂小，体重不到15千克。单独活动，日夜均可觅食，胆小，稍有惊动即迅速藏匿，栖息于气候温暖的低山丘陵地区

**裕河分局/供图**

毛冠鹿（*Elaphodus cephalophus*）雄性有角，但短小而不分叉，几乎隐于毛丛中。不喜集群，多晨昏活动，白天隐于密林或灌丛中。主要栖息在海拔较高的山地阔叶林和灌丛中

**高　玺/摄**

斑羚（*Naemorhedus goral*），国家二级重点保护野生动物，体型较小，外形似山羊。雌雄两性均具角，上体棕褐或灰褐色，喉斑白色或棕白色。白天隐蔽于密林和岩洞中休息，晨昏活动，觅食乔、灌木的嫩枝叶、青草、地衣和苔藓等

**邓建新/摄**

藏酋猴（*Macaca thibetana*）是我国特产猴类，国家二级重点保护野生动物。体型较大，昼行性，多在地面上活动，夜晚在崖壁缝隙或山洞中过夜；群居，小群20～40只，大群多达50～70只；活动时有强壮的“猴王”带领，“猴王”年老体弱后独居生活。食野果、竹笋、树叶、昆虫、蜥蜴、小鸟等，也取食农作物。全年均可繁殖。多栖息在亚热带常绿阔叶林、落叶混交林、灌木林或多石岩的稀树山坡

**邓建新/摄**

金猫（*Catopuma temminckii*），中等体型的猫科动物，相比其他中小型猫科动物来说，金猫头部比例较大，尾巴较长，身体壮实。它的毛色与斑纹多变，图中这只为具有豹斑花纹的花斑色型，金猫主要分布于四川、甘肃、陕西交界处以及云南西南部的亚热带常绿阔叶林中，喜爱浓密植被遮蔽的环境，极少出现在开阔的生境，为国家二级重点保护野生动物

白水江分局/供图

高山草甸里的绿尾虹雉（*Lophophorus lhuysii*），属国家二级保护野生动物。雄鸟体羽主要为深蓝绿色，具金属光泽。主要以植物的嫩叶、花蕾、嫩枝、幼嫩芽、细根、球茎、果实和种子为食。栖息于林线以上海拔3000～5000米的高山草甸、灌丛和裸岩地带，尤其喜欢多陡崖和岩石的高山灌丛和灌丛草甸生境，冬季常下到3000米左右的林缘灌丛地带活动。常成对或小群活动，冬季有时也集成8～9只至10余只的较大群体

**邓建新/摄**

下图：每年4～6月，是绿尾虹雉的繁殖期，此时的雄鸟、雌鸟便会结伴出现在岩石灌丛中

与雄鸟相比，绿尾虹雉的雌鸟羽色更为低调

上图：红腹角雉（*Tragopan temminckii*），国家二级重点保护野生鸟类。主要以乔木、灌木、竹以及禾本科植物和蕨类植物的嫩叶、幼芽、嫩枝、花絮、果实和种子为食。繁殖期4～6月，通常4月初即进入繁殖期。栖息于海拔1000～3500米的山地森林、灌丛、竹林等不同植被类型中，其中尤其以1500～2500米的常绿阔叶林和针阔叶混交林最为喜欢，有时也上到海拔3500米左右的高山灌丛，甚至裸岩地带活动

**邓建新/摄**

右页图：红腹角雉的雄鸟羽色艳丽，在求偶炫耀时，喉垂会膨胀垂，并竖起蓝色肉质角

**王　进/摄**

上图：雉鸡（*Phasianus colchicus*），大型雉类，体长58～90厘米，雌鸟较雄鸟体型明显小巧。雄鸟羽毛华丽，富有金属光泽，雌鸟羽色暗淡，大都为棕色和棕黄色。雉鸡的食性较杂，繁殖期为3～7月，广泛分布于全国各地。多栖息于低山丘陵、农田、地边、沼泽草地，以及林缘灌丛和公路两边的灌丛与草地中，分布高度多在海拔1200米以下

**白永兴/摄**

左页图：雌性雉鸡

**邹　滔/摄**

右图：在岩石上休息的血雉雌鸟，有着暗褐色的羽色

右页图：血雉雄鸟出现在岩石上，它通常天明开始活动，直到黄昏，中午常在岩石上或树荫处休息

血雉（*Ithaginis cruentus*），国家二级保护野生动物，中型鸡类，体长37～47厘米，主要以植物性食物为食。繁殖期4～7月，通常在3月末4月初群体即分散开来，并出现求偶行为和争偶争斗现象。栖息于雪线附近的高山针叶林、混交林及杜鹃灌丛中，海拔高度多在1700～3000米。有明显的季节性的垂直迁徙现象，夏季有时可上到海拔3500～4500米的高山灌丛地带，冬季多在海拔2000～3000米的中低山和亚高山地区越冬

**邓建新/摄**

红腹锦鸡的雌鸟羽色黯淡，头顶和后颈黑褐色，其余体羽棕黄色，满缀以黑褐色虫蠹状斑和横斑
**邓建新/摄**

红腹锦鸡（*Chrysolophus pictus*），我国特产鸟类，国家二级重点保护野生鸟类，是驰名中外的观赏鸟类，1993年被评选为甘肃省省鸟。雄鸟羽色华丽，头具金黄色丝状羽冠。栖息于海拔500～2500米的阔叶林、针阔混交林和林缘灌丛地带，常成群活动，特别是秋冬季，有时集群达30余只，春夏季亦见单独或成对活动

**邓建新/摄**

① 红嘴蓝鹊（*Urocissa erythrorhyncha*）
邹 滔/摄
② 星鸦（*Nucifraga caryocatactes*）
白永兴/摄
③ 灰卷尾（*Dicrurus leucophaeus*）
邹 滔/摄
④ 发冠卷尾（*Dicrurus hottentottus*）
邓建新/摄

⑤ 鸦科鸟类有驱逐进入自身领地猛禽的习性，即使面对体型比自己大得多的猛禽也毫不畏惧，图为小嘴乌鸦（*Corvus corone*）追赶凤头鹰（*Accipiter trivirgatus*）
邹 滔/摄
⑥ 灰卷尾驱赶金雕（*Aquila chrysaetos*）
邹 滔/摄

⑤

⑥

① 红尾水鸲（*Phoenicurus fuliginosus*）
白永兴/摄
② 白顶溪鸲（*Chaimarrornis leucocephalus*）
邹　滔/摄
③ 北红尾鸲（*Phoenicurus auroreus*）
白永兴/摄

① 黑喉红尾鸲（*Phoenicurus hodgsoni*）
滕继荣/摄
② 蓝额红尾鸲（*Phoenicurus frontalis*）
白永兴/摄
③ 灰林鵰（*Saxicola ferreus*）
邹　滔/摄

① 红腹山雀（*Poecile davidi*）
**巫嘉伟/摄**
② 褐冠山雀（*Lophophanes dichrous*）
**巫嘉伟/摄**
③ 红头长尾山雀（*Aegithalos concinnus*）
**白永兴/摄**
④ 绿背山雀（*Parus monticolus*）
**邹　滔/摄**
⑤ 远东山雀（*Parus minor*）
**邹　滔/摄**

⑤

① 灰头绿啄木鸟（*Picus canus*）
**邹　滔/摄**

② 黄颈啄木鸟（*Dendrocopos darjellensis*）
**邓建新/摄**

③ 大拟啄木鸟（*Psilopogon virens*）
**邹　滔/摄**

①

②

③

黄臀鹎（*Pycnonotus xanthorrhous*）
白永兴/摄

绿翅短脚鹎（*Ixos mcclellandii*）
白永兴/摄

① 领雀嘴鹎（*Spizixos semitorques*）
白永兴/摄

② 白领凤鹛（*Yuhina diademata*）
白永兴/摄

③ 黑颏凤鹛（*Yuhina nigrimenta*）
白永兴/摄

①
②
③
④
⑤
⑥

丝光椋鸟（*Spodiopsar sericeus*）
白永兴/摄

斑头鸺鹠（*Glaucidium cuculoides*）
白永兴/摄

① 褐河乌（*Cinclus pallasii*）
邹　滔/摄
② 白鹡鸰（*Motacilla alba*）
白永兴/摄
③ 淡绿䴗鹛（*Pteruthius xanthochlorus*）
李利伟/摄
④ 黑枕黄鹂（*Oriolus chinensis*）
邹　滔/摄
⑤ 金腰燕（*Cecropis daurica*）
白永兴/摄
⑥ 方尾鹟（*Culicicapa ceylonensis*）
白永兴/摄

左上图：虎斑颈槽蛇（*Rhabdophis tigrinus*）
**白永兴/摄**

右上图：福建竹叶青（*Trimeresurus stejnegeri*）
**王建宏/摄**

左下图：秦岭滑蜥（*Scincella tsinlingensis*）
**巫嘉伟/摄**

右下图：米仓山龙蜥（*Diploderma micangshanense*）
**白永兴/摄**

左页图：大眼斜鳞蛇（*Pseudoxenodon macrops*）
**邹　滔/摄**

太白山溪鲵（*Batrachuperus taibaiensis*），中国特有种，体色多为青褐色、橄榄色和棕黄色等。白天通常隐匿于遮蔽较好、水流湍急的溪流中，河岸处的石头下，较难发现。多以虾类和水生昆虫为食

何礼文/摄

# 兰花天堂

兰花是植物里种类最多、进化最复杂的类群之一，具有极高的观赏、药用、科研、文化和生态价值。兰科植物多为珍稀濒危植物，全世界所有野生兰科植物均被列入《濒危野生动植物种国际贸易公约》的保护范围，占该公约中应保护植物90%以上，是植物保护中的“旗舰”类群。

兰花在全球广泛分布，尤其在热带地区和亚热带地区种类极其丰富，全世界一共有800多属2.75万余种，在我国分布着195属1600多种。从它们的生活特征来区分，大部分兰花为地生兰，生长在林下，而同样有众多的兰花为附生兰，生长在石壁或是大树的枝杈上，除此之外，还有一些格外独特的兰花自身没有叶绿素，主要依靠根部共生的细菌提供营养，是腐生兰。

左页图一：独花兰（*Changnienia amoena*）
白永兴/摄

左页图二：蕙兰（*Cymbidium faberi*）
白永兴/摄

下图：独蒜兰（*Pleione bulbocodioides*）
白永兴/摄

对于观花人而言，兰花总是有着独特的魔力，让人沉醉于它们的美。为什么兰花这么好看？究其原因，主要还是它们独特的进化和繁殖策略，造就了精致而奇特的花朵。兰花都有一枚由花被片特化而成的唇瓣，唇瓣一般两侧对称形状独特，因不同的种类而变化多端，有的特化成口袋状，有的遍布斑点尖端分叉，有的甚至模拟成昆虫腹部的形状，让人惊叹。

唇瓣的独特进化与兰花的繁殖策略息息相关，通过这些精心的设计，可以引导特定的传粉动物进入兰花花朵精巧的通道，完成为其授粉的任务。大多数植物为了传粉，会与传粉者形成互惠互利的合作关系，比如提供花蜜或花粉作为服务的报酬。但是兰花中有不少类群并不提供报酬，而是单纯通过高超的欺骗技巧让动物们为其传粉，比如模拟成传粉者的巢穴，或是其他植物类似的颜色和开放时间，甚至是模拟出雌性传粉者的形态和气味，欺骗雄性前来交配，带来或带走花粉。不同的兰花往往有着特定一种或多种传粉者，在长期与之斗智斗勇，适应与协同进化的过程中，它们形成了自己独特的颜色、结构、形态和气味。

千百年来，兰花们因独特的进化而愈加美丽，甚至是一直依靠欺骗竟也成功地延续种群至今，这不能不算是个不凡的生存智慧。

下图：黄花杓兰（*Cypripedium flavum*）
邹　滔/摄

右页图：华西杓兰（*Cypripedium farreri*）
邹　滔/摄

甘肃省的兰科植物集中分布在气候温暖湿润的陇南和甘南山地林区。白水江自然保护区内兰科植物达35属75种，种类丰富度为周边之最，是我国兰科植物的分布中心——横断山向北延伸而形成的“多样性中心”或“特有中心”。这里的兰科植物以地生兰为主，区系类型以温带成分居多，热带成分、温带成分以及其他类型的地理成分相互交错、渗透的现象明显，其中中国特有种丰富，种类与周边或邻近区域相似度不高。

岷山深处，空谷幽兰。美丽的兰花们藏在隐秘的山中，静静发芽，静静生长，静静开放。只等着有心人越过千山，偶然相见。

《 左页图：角盘兰（*Herminium monorchis*）
**邹　滔/摄**

下图：少花虾脊兰（*Calanthe delavayi*）
**邹　滔/摄**

左页图左：沼兰（*Malaxis monophyllos*）
邹　滔/摄

左页图右：珊瑚兰（*Corallorhiza trifida*）
邹　滔/摄

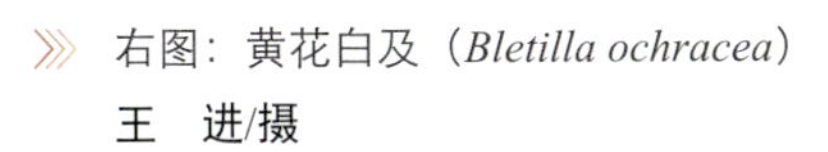

右图：黄花白及（*Bletilla ochracea*）
王　进/摄

下图左：天麻（*Gastrodia elata*）
邓建新/摄

下图右：绶草（*Spiranthes sinensis*）
邹　滔/摄

# 微观世界

《 左页上图：螳瘤蝽（*Cnizocoris* sp.）
**路家兴/摄**

左页下图：条螽属一种（*Ducetia* sp.）
**罗平钊/摄**

》 右图：地胆芫菁属一种（*Meloe* sp.）
**罗平钊/摄**

下图左：普蝽属一种（*Priassus* sp.）
**白永兴/摄**

下图右：疱步甲（*Carabus pustulifer*）
**白永兴/摄**

左图上：直纹蜘蛱蝶（*Araschnia prorsoides*）
白永兴/摄

左图下：柑橘凤蝶（*Papilio xuthus*）
白永兴/摄

右图上：圆翅钩粉蝶（*Gonepteryx amintha*）
邹　滔/摄

右图下：黄粉蝶属一种（*Eurema* sp.）
白永兴/摄

右页上图：翠蓝眼蛱蝶（*Junonia orithya*）
白永兴/摄

右页下图：蓝凤蝶（*Papilio protenor*）
白永兴/摄

上图：六叶龙胆（*Gentiana hexaphylla*）
邓建新/摄

下图：川贝母（*Fritillaria cirrhosa*）
邓建新/摄

右页上图：宽距凤仙花（*Impatiens platyceras*）
巫嘉伟/摄

右页下图：在裕河分局辖区内首次发现，2020年发表的新物种——青翠马玲苣苔（*Oreocharis flavovirens*）
高云峰/摄

右页右图：倒提壶（*Cynoglossum amabile*）
白永兴/摄

① 侧耳属一种（*Pleurotus* sp.）
白永兴/摄
② 硫磺菌（*Laetiporus sulphureus*）
邓建新/摄
③ 枝瑚菌属一种（*Ramaria* sp.）
何礼文/摄
④ 丝膜菌属一种（*Cortinarius* sp.）
白永兴/摄
⑤ 乳菇属一种（*Lactarius* sp.）
何礼文/摄

右图：图中黑色大朵为云芝（*Coriolus versicolor*）左边2朵小菌为漏斗大孔菌（*Favolus arcularius*）
**邹　滔/摄**

下图：红菇属一种（*Russula* sp.）
**白永兴/摄**

# 祁连秘境

森林 * 湿地 * 草原 * 荒漠 * 高山

祁连山西段，连绵的雪山和冰川如同白色巨龙，江河作画，在大地上勾勒出鬼斧神工的线条

郭思宇/摄

祁连山位于青藏高原、蒙古高原和黄土高原的交汇地带，属中纬度北纬带，介于柴达木盆地与河西走廊拗陷之间，由祁连山褶皱带沿西北—东南方向延伸形成的平行山脉组成，山势西高东低，大部分海拔在3000～3500米以上，相对高差1000米以上。祁连山远离海洋，长期受西风气流控制，具有大陆性高寒半湿润山地气候特征。祁连山区年均降水量300～700毫米，是一座天然“高山水塔”。

祁连山是我国西部重要的生态安全屏障，是冰川与水源涵养国家重点生态功能区，具有维护青藏高原生态平衡，阻止腾格里、巴丹吉林和库姆塔格3个沙漠南侵，维持河西走廊绿洲稳定，以及保障黄河和内陆河径流补给的重要功能。祁连山扼守丝绸之路咽喉，孕育了敦煌文化和河湟文化，是汉、藏、蒙、哈萨克、裕固等多民族经济、文化交流的重要集聚地，是我国履行作为大国的国际责任，造福“一带一路”沿途国家和人民，共同发展、共享福祉的生态安全屏障。

祁连山也是我国35个生物多样性保护优先区之一、世界高寒种质资源库和野生动物迁徙的重要廊道，是野牦牛、藏野驴、白唇鹿、岩羊、雪莲等珍稀濒危野生动植物物种栖息地及分布区，特别是中亚山地生物多样性旗舰物种——雪豹的良好栖息地。

水草丰美的盐池湾湿地
**董　磊/摄**

山连山，岭连岭，祁连山中段的山脉群辽远壮阔
**胡学斌/摄**

祁连山中段的众多山峰海拔超过4000米，高山的积雪在盛夏时节也不会融化
董 磊/摄

# 高山

森林和草甸之上，高海拔的流石滩、裸岩、冰川和雪山，造就了一个严苛的自然环境，但各种野生动植物与之适应、演化，组成了祁连山区独特的高寒生态系统。

大雪中的祁连山一片苍茫，雄浑苍凉
张掖分局/供图

祁连山包含多条相互平行的高大山脉，走廊南山—冷龙岭—乌鞘岭、托来山—俄博南山、野马山（大雪山）—托勒南山、党河南山—疏勒南山—大通山，这些山脉有着西北—东南的相同走向，彼此间山川重叠，河谷、盆地相间，共同组成了广义上的祁连山。山势西高东低，大部分海拔在3000～3500米以上，相对高差1000米以上，拥有26座海拔超过5000米的山峰，其中主峰团结峰（岗则吾结）高达5808米。海拔3900～4300米的区域为高山冻原，发育有高山流石坡植被和高山垫状植被；海拔4300米以上的区域为高山冰雪带，以冰川、积雪为主。

由于纬度较高，加之山势高大，祁连山海拔4500米以上的山峰多数伴有规模大小不同的冰川发育，根据第二次冰川编目，祁连山共有冰川2683条，面积1597.81平方千米，冰储量844.8±31.3亿立方米。众多的雪峰与冰川孕育出党河、疏勒河、黑河、石羊河等众多内流河，宽阔的河边谷地与湿地是重要的水源涵养地，汩汩清流由南向北，滋润着河西走廊串珠状的多个绿洲，为500多万人口提供了水源供给。

冰川是寒冷地区多年降雪积聚、经过变质作用形成的自然冰体。不断加大的冰块，不断加厚的冰层，最终汇成厚达几百米的冰川，在重力作用下缓缓流向山脚。冰川的流速一天只有几厘米到几十厘米，然而，它所蕴涵的巨大能量却能切削山体，粉碎岩石，至今仍在续写着地球造物的史诗。

左页图：老虎沟冰川
**陈广磊/摄**

上图：科研人员行走在冰川山，与巨大的冰川相比显得格外渺小
**张掖分局/供图**

祁连山最长的山谷冰川是老虎沟12号冰川，也叫梦柯冰川。“老虎沟12号冰川”是科考编号，“梦柯”则来自于蒙古语的音译，意为高大宽广的雪山。冰川全长10.1千米，面积2190公顷，直接俯视着河西走廊。1958年老虎沟12号冰川被发现，中国科学院就在这里建立了中国第一个高山冰川观测研究站，对12号冰川的物质平衡、冰雪现代过程、冰川运动、气象等进行全面的观测。在50余年中，冰川退缩了300余米，平均每年后退6米以上。

雪山之巅，冰川从山谷缓缓而下，塑造出独特的地貌
郎文瑞/摄

冰川细节
色拥军/摄

酒泉分局/供图

海拔高而寒冷，但这片看似冰冷单调的土地并不是生命的禁区，从植物爱好者心心念念的雪莲到悄然出没的雪山之王——雪豹，这里其实蕴含着无限的生机。海拔3900米以上，这里生活着胡兀鹫、高山兀鹫、藏雪鸡、高山岭雀、地山雀等高山鸟类，代表性兽类则有野牦牛、白唇鹿、岩羊、盘羊等，雪豹是其中最具代表性的顶级食肉动物，它们的种群状况反映着生态系统是否平衡和健康。

一场大雪过后，草地上盘羊（*Ovis ammon*）集结成了大群。盘羊为国家二级重点保护野生动物，被《世界自然保护联盟》（IUCN）列为近危物种。雄性岩羊长着粗大的弯角，长达1米以上，向下扭曲呈螺旋状。盘羊是典型的山地动物，喜在半开旷的高山裸岩带及起伏的山间丘陵生活，分布海拔在1500～5500米的高寒草原、高寒荒漠、高寒草甸等环境中，夏季常活动于雪线的下缘，冬季栖息环境积雪深厚时，它们则从高处迁至低山谷地生活，有季节性的垂直迁徙习性

色拥军/摄

右页图：雄性盘羊群
色拥军/摄

下图：雌幼盘羊群
扎旦才仁/摄

秋日，岩羊（*Pseudois nayaur*）母亲带着小岩羊出现在草丛中
色拥军/摄

岩羊体型比盘羊小，国家二级重点保护野生动物，其体色与岩色相似，能很好地隐蔽在环境中。 主要生活在高山崖壁，行动敏捷，善攀登山岭，受惊即奔向险峻的山坡

**胡学斌/摄**

兔狲（*Otocolobus manul*），国家二级重点保护野生动物。以旱獭、野禽及鼠类为食，视觉、听觉较敏锐，避敌时行动迅速。主要栖息于荒漠或戈壁地区，适应在寒冷、贫瘠地区。常独居于石缝中、石块下或占领旱獭的巢穴
**张掖分局/供图**

二月，祁连山的高山草甸上还是一片冰雪，猞猁（*Lynx lynx*）妈妈带着两个孩子出现在山顶。猞猁，是国家二级重点保护野生动物，广布于中国西部、北部和东北部；延伸到欧洲、北美洲和亚洲北部；主要栖息于北方的茂密森林中，但也出现在落叶林、干草原、山地和高山区中
**张掖分局/供图**

左图：藏雪鸡（*Tetraogallus tibetanus*）
张掖分局/供图

下图：高原山鹑（*Perdix hodgsoniae*）
色拥军/摄

上图：高山兀鹫（*Gyps himalayensis*）
张掖分局/供图

右图：乌雕（*Aquila clanga*）
张掖分局/供图

高山苔原里的垫状植物，气温寒冷，天气恶劣，它很可能已经生长了数十年
**杨　磊/摄**

唐古特雪莲（*Saussurea tangutica*）属于菊科风毛菊属，生长在海拔3600～4800米的风化带和雪线上的石隙、砾石及砂质湿地中，喜潮湿和凉爽，光照强烈的复杂性气候环境。能在5～39℃常发芽生长。盛花期，能迎着寒风傲雪及烈日毅然开放，生命力极强

王　进/摄

鼠麴雪兔子（*Saussurea gnaphalodes*）是多年生多次结实丛生草本植物，冠毛鼠灰色，生于山坡流石滩，海拔2700～5700米
**王　进/摄**

左上图：多刺绿绒蒿（*Meconopsis horridula*）
张掖分局/供图

左下图：五脉绿绒蒿（*Meconopsis quintuplinervia*）
张建奇/摄

右图：全缘叶绿绒蒿（*Meconopsis integrifolia*）
张掖分局/供图

圆丛红景天（*Rhodiola coccinea*）
**董　磊/摄**

岐穗大黄（*Rheum przewalskyi*）又名戈壁大黄，矮小粗壮，高20～35厘米。分布于甘肃、内蒙古的中西部地区及新疆的东北部，生于海拔3000米或以上的山坡、山沟或砂砾地
**董 磊/摄**

# 荒漠

祁连山连绵数百千米，降水呈现出向西递减的规律。在祁连山西部，年均降水量低于100毫米，气候干旱，土地贫瘠，茫茫无尽，呈现出大片广袤的荒漠景观。2300米以下的区域为荒漠草原带，可见旱生性的针茅、亚菊等草原植物的踪影；海拔1600～2000米的低山山地、山前丘陵和冲洪积扇上部的砾质倾斜平原地带为山前温带砾质荒漠、半荒漠地带，存活有旱生或超旱生的膜果麻黄、猪毛菜、驼绒藜、盐爪爪等荒漠植物。

祁连山西段，高大的雪峰和冰川之下，是广袤无边的一片荒漠，由冰川融化形成的季节性水流冲刷出的无数条河道，在大地上雕刻出蜿蜒的曲线
陈广磊/摄

蓝天下的干旱荒原植被稀疏，看似荒凉，实际上却是众多野生动植物的热闹家园，仔细观察，才能走进这个独特的世界
王 进/摄

① 盐地碱蓬（*Suaeda salsa*）
王　进/摄
② 驼绒藜（*Krascheninnikovia ceratoides*）
王　进/摄
③ 戈壁驼蹄瓣（*Zygophyllum gobicum*）
王　进/摄
④ 二裂委陵菜（*Potentilla bifurca*）
王　进/摄
⑤ 黄花补血草（*Limonium aureum*）
王　进/摄

右页图：大花驼蹄瓣（*Zygophyllum potaninii*）
陈广磊/摄

青海沙蜥（*Phrynocephalus vlangalii*）是祁连山荒漠中常见的爬行动物，植被稀疏的干燥沙砾地带是它们栖息的场所。天气晴朗，一只青海沙蜥来到地面，惬意地晒着太阳
**董　磊/摄**

青海沙蜥营穴居生活，一般筑洞于沙砾地斜面、沙丘和土埂上。洞口大多朝向南或东南，这是因为青海沙蜥是一种比较怕冷的变温动物，朝南的洞口，有充足的阳光，有利于它们吸热保持体温
**董　磊/摄**

密点麻蜥（*Eremias multiocellata*）是生活在祁连山荒漠中的另一种爬行动物，背面的鲜蓝色短纹尤为醒目
**董　磊/摄**

藏野驴（*Equus kiang*）结群活动于盐池湾野马南山，是青藏高原上一种相对常见的大型兽类，被列入国家一级重点保护野生动物，它们主要栖息于3600～4500米的高原草地，高寒荒漠草原和山地荒漠带，春夏季节出没于开阔的山间盆地、平缓的河谷阶地、丘陵和湖洲滩地

**色拥军/摄**

① 藏原羚（*Procapra picticaudata*）
**酒泉分局/供图**
②③ 同一个点位拍摄到的藏原羚和藏野驴
**张掖分局/供图**

右页图：鹅喉羚（*Gazella subgutturosa*）
**色拥军/摄**

荒漠半荒漠的代表性爬行类有青海沙蜥、密点麻蜥等；代表鸟类有蒙古沙雀、毛腿沙鸡、西藏毛腿沙鸡、荒漠伯劳等；代表兽类有鹅喉羚、跳鼠、沙鼠、毛足鼠、藏原羚、藏野驴等。

祁连山的草原形态多样，因海拔和降水的差异可以分为草甸草原、典型草原、荒漠草原和高寒草原。具体而言，海拔2300～2600米的区域为山地草原带，生长有寒旱生或中生性的针茅、羊茅、早熟禾、拂子茅、冷蒿等植物；海拔2600～3300米的区域，可见针叶林、阔叶林以及多种灌丛，属于森林灌丛带；海拔3300～3700米的区域为亚高山灌丛草甸带，为高寒常绿革叶灌丛、高寒落叶阔叶灌丛所占据；海拔3700～3900米的区域为高山草甸带，分布有嵩草、杂类草高寒草甸。

夏日，祁连山草原花海一片，各色野花竞相绽放
胡学斌/摄

草原

阿尔泰狗娃花（*Aster altaicus*）是多年生草本，有横走或垂直的根，花果期5～9月。广泛分布于亚洲中部、东部、北部及东北部，也见于喜马拉雅西部，海拔从滨海到4000米。生于草原，荒漠地，沙地及干旱山地
王　进/摄

左图：云雾龙胆（*Gentiana nubigena*）
王　进/摄

右图：麻花艽（*Gentiana straminea*）
王　进/摄

左图：甘青铁线莲（*Clematis tangutica*）
王　进/摄

右图：管花秦艽（*Gentiana siphonantha*）
王　进/摄

上图：甘肃马先蒿（*Pedicularis kansuensis*）
王　进/摄

下图：露蕊乌头（*Aconitum gymnandrum*）
王　进/摄

上图：狗娃花（*Aster hispidus*）
王　进/摄

下图：刺芒龙胆（*Gentiana aristata*）
王　进/摄

草原生态系统代表兽类有藏野驴、白唇鹿、藏原羚、喜马拉雅旱獭、鼠兔等。

① 藏原羚（*Procapra picticaudata*）
张掖分局/供图
② 正在吃草的高原鼠兔（*Ochotona curzoniae*）
陈广磊/摄
③ 双脚离地准备奔跑的高原兔（*Lepus oiostolus*）
陈广磊/摄
④ 喜马拉雅旱獭（*Marmota himalayana*）
殷挺进/摄

③

④

雪后山坡上的白唇鹿（*Przewalskium albirostris*）。白唇鹿是青藏高原特有种，被列为国家二级重点保护野生动物。体型大，公鹿体重可达200千克以上，角大，直线长可达1米，唇白色，因此极易辨认。栖息于海拔较高的密林及灌丛草地，海拔3500～5000米，尤以林线一带为其最适生境。喜群居，繁殖季节集群可达几十头甚至上百头，最多可达200多头
色拥军/摄

野牦牛（*Bos grunniens*）是青藏高原特有种，国家一级重点保护野生动物。四肢粗短，蹄大而宽圆，体毛黑褐色。喜生活在高山积雪的荒凉地带，怕热耐寒冷。栖息地多在海拔4000～5000米的山间盆地，高寒荒漠和草原等人迹罕至的地方。常结大群在广阔的草原上慢游。性凶悍，发怒时尾向上翘，低头奋蹄直向敌方冲击，嗅觉灵敏

**色拥军/摄**

上图：野牦牛群
**色拥军/摄**

下图：在盐池湾奎腾郭勒村舒坦沟附近拍摄到的牦牛群，仅中间一只为野牦牛
**扎旦才仁/摄**

《 在盐池湾大阿尔格力泰拍摄到的狼（*Canis lupus*）
扎旦才仁/摄

︾ 棕熊（*Ursus arctos*）
酒泉分局/供图

赤狐（*Vulpes vulpes*）
色拥军/摄

祁连山独特的地理条件、复杂的自然条件和多样的生态系统孕育了丰富的湿地生态系统，湿地类型多样，主要有沼泽湿地、河流湿地、湖泊湿地等，是多种生物栖息、生存、繁殖的良好生境。

水草丰美的湿地是众多水鸟栖息和繁殖的理想场所
董 磊/摄

湿
地

其中面积最大的党河流域湿地，全长近90多千米。春夏期间湿地水草生长茂盛，为鸟类提供了丰富的食物资源，各种候鸟陆续从南方飞抵党河湿地，构成了一幅春光明媚、百鸟飞翔争鸣的美丽画面。每年到党河湿地的各种鸟类有数万只，除一部分候鸟继续往北迁徙外，大多停留在党河湿地生儿育女。繁殖的候鸟主要有黑颈鹤、斑头雁、赤麻鸭、骨顶鸡等。

此外，国家公园内丰富的湿地资源不仅发挥着调节气候、保持水土的重要作用，还是河西地区重要的水源涵养区。

斑头雁（*Anser indicus*）是一种中型雁类。通体大都灰褐色，头和颈侧白色，头顶有两道黑色带斑，在白色头上极为醒目。多于黄昏和晚上在植物茂密、人迹罕至的湖边和浅滩多水草地方觅食，繁殖期3～4月。繁殖在高原湖泊，尤其喜欢咸水湖，也选择淡水湖和开阔而多沼泽地带。越冬在低地湖泊、河流和沼泽地。性喜集群，繁殖期、越冬期和迁徙季节，均成群活动

**色拥军/摄**

左上图：繁殖期成对活动的斑头雁
**色拥军/摄**

左中图：斑头雁群选择了湿地里四面环水的草甸作为巢区，集体孵卵繁殖后代
**色拥军/摄**

下图：黑颈鹤和斑头雁出现在同一片湿地
**酒泉分局/供图**

大天鹅（*Cygnus cygnus*）是国家一级重点保护野生动物，大型游禽。全身洁白，嘴基黑色，嘴端黄色。喜欢栖息在开阔的、食物丰富的浅水水域中，冬季则主要栖息在多草的大型湖泊、水库、水塘、河流、海滩和开阔的农田地带，性喜集群

**色拥军/摄**

蓑羽鹤（*Grus virgo*）成群出现在草地上。这是一种小体型鹤类，主要栖息于开阔平原草地、草甸沼泽、湖泊、河谷、半荒漠和高原湖泊草甸等各类生境中。被列为国家二级重点保护野生动物

**酒泉分局/供图**

白尾海雕（*Haliaeetus albicilla*）是国家一级重点保护野生动物。大型猛禽，体长84～91厘米，主要以鱼类为食，常在水面低空飞行，发现鱼后利用利爪伸入水中抓捕，也捕食鸟类和中小型哺乳动物。在冬季食物缺乏时，偶尔也攻击家禽和家畜。繁殖期4～6月。栖息于湖泊、河流、海岸、岛屿及河口地区，繁殖期尤其喜欢在有高大树木的水域或森林地区的开阔湖泊与河流地带

**张掖分局/供图**

赤麻鸭（*Tadorna ferruginea*）在党河湿地中呈直线前行。它们是这里的常见水鸟。喜集群，主要以水生植物为食，也吃昆虫、甲壳类和软体动物等
**陈广磊/摄**

两只蒙古沙鸻（*Charadrius mongolus*）在盐池湾湿地的滩涂上走动觅食，它们是生活在这里的小型涉禽，体长约20厘米，主要取食软体动物、昆虫、杂草等
**陈广磊/摄**

森林

在祁连山东部，由于地处东部季风的迎风坡，年均降水量300～700毫米，相对于周围较为湿润，这样的环境为森林的发育提供了必要条件。

祁连山森林主要分布于海拔2300～3300米的阴坡、半阴坡，常以带状或块状与草原、沼泽、水域等交错分布，构成山地复合生态系统。主要森林类型为青海云杉林，还分布有大面积的灌木林和少量的祁连圆柏、桦木、山杨林等。

桦木沟植被全景——桦木沟梁
胡学斌/摄

左页上图：青海云杉（*Picea crassifolia*）林
**张掖分局/供图**

左页下图：高大的青海云杉林茂密而挺拔
**杨　磊/摄**

青海云杉林下布满厚厚的苔藓层，环境湿润
**杨　磊/摄**

上图：马鹿（*Cervus elaphus*）
张掖分局/供图

下图：西伯利亚狍（*Capreolus pygargu*）
张掖分局/供图

上图：马麝（*Moschus chrysogaster*）
张掖分局/供图

下图：马麝母子
张掖分局/供图

蓝马鸡（*Crossoptilon auritum*）是我国特产鸟类，国家二级重点保护野生动物。体长75～100厘米，通体蓝灰色，羽毛披散如毛发。栖息于海拔2000～4000米的中、高山阔叶林、针阔叶混交林和针叶林中，夏季也到林线上的杜鹃灌丛和高山草甸地带，特别喜欢有林间空地、草坪和桦树、柳丛的针阔混交林和针叶林中

**殷挺进/摄**

① 斑尾榛鸡（*Tetrastes sewerzowi*）
董　磊/摄

② 血雉（*Ithaginis cruentus*）
张掖分局/供图

③ 雉鹑（*Tetraophasis obscurus*）
张掖分局/供图

花彩雀莺（*Leptopoecile sophiae*）是一种体色鲜艳的小型鸟类，体长9～12厘米。主要以昆虫为食，冬季也吃少量植物果实和种子。繁殖期间单独或成对活动，其他季节则多成群，有时亦与柳莺或其他小鸟混群。性活泼，行动敏捷

**李文盛/摄**

① 白眉朱雀（*Carpodacus dubius*）
张掖分局/供图
② 戴菊（*Regulus regulus*）
李文盛/摄
③ 橙翅噪鹛（*Garrulax elliotii*）
李文盛/摄
④ 大朱雀（*Carpodacus rubicilla*）
李文盛/摄

① 红腹红尾鸲（*Phoenicurus erythrogaster*）
李文盛/摄
② 戈氏岩鹀（*Emberiza godlewskii*）
李文盛/摄
③ 赭红尾鸲（*Phoenicurus ochruros*）
李文盛/摄
④ 白喉红尾鸲（*Phoenicurus schisticeps*）
殷挺进/摄
⑤ 沼泽山雀（*Parus palustris*）
李文盛/摄
⑥ 贺兰山红尾鸲（*Phoenicurus alaschanicus*）
李文盛/摄

上图：长耳鸮（*Asio otus*）
张掖分局/供图

右图：大鵟（*Buteo hemilasius*）
张掖分局/供图

# 科研与保护

* 国家公园规划
* 生物多样性研究
* 自然保护

# 国家公园规划

巩得红/摄

# 大熊猫国家公园

大熊猫是我国独有的国宝级珍稀濒危野生动物，是生物多样性保护的旗舰物种。大熊猫保护工作一直以来受到党中央、国务院的高度重视。习近平总书记、李克强总理对大熊猫保护工作多次作出重要批示。2016年12月，习近平总书记主持中央全面深化改革领导小组第30次会议审议通过了《大熊猫国家公园体制试点方案》。国家林业和草原局会同四川、陕西、甘肃三省通过现地调查核实、交流座谈、资料分析整理和研究论证，编制形成了《大熊猫国家公园总体规划（2019—2025 年）》。

《规划》坚持保护第一、永续发展；创新体制、有效管控；统筹协调、和谐共生；政府主导、多方参与四项基本原则，力争实现把大熊猫国家公园建设成为生物多样性保护示范区域、生态价值实现先行区域、世界生态教育展示样板区域的三个具体目标；努力完成加强以大熊猫为核心的生物多样性保护、创新生态保护管理体制、探索可持续的社区发展机制、构建生态保护运行机制、开展生态体验和科普教育五大主要任务。

在四川、陕西、甘肃三省大熊猫主要栖息地整合开展大熊猫国家公园体制试点，在体制试点基础上设立和建设大熊猫国家公园，是党中央、国务院统筹推进“五位一体”总体布局的重大战略决策，是贯彻落实新发展理念、促进建设美丽中国的重要抓手，是践行“绿水青山就是金山银山”理念、促进人与自然和谐共生、实现重要自然资源资产国家所有、全民共享、世代传承的具体实践。大熊猫作为我国和世界各国交流的和平使者，大熊猫国家公园是展现中国形象的重要窗口，是中国为全球生态安全做出积极贡献的伟大行动。大熊猫国家公园肩负着为建立以国家公园为主体的自然保护地体系提供示范，引领带动全国生态文明体制改革的历史使命。

大熊猫是我国特有物种，建立大熊猫国家公园，有利于增强大熊猫栖息地的连通性、协调性和完整性，实现大熊猫种群稳定繁衍；有利于加强大熊猫及其伞护的生物多样性和典型生态脆弱区整体保护，打造国家重要生态屏障，维护国土生态安全；有利于创新体制机制，解决好跨地区、跨部门的体制性问题，实现对山水林田湖草重要自然资源和自然生态系统的原真性、完整性和系统性保护；有利于促进生产生活方式转变和经济结构转型，全面建成小康社会，形成生态保护与经济社会协调发展、人与自然和谐共生的新局面。

大熊猫国家公园包括核心保护区、一般控制区2个管控分区，其中核心保护区覆盖现有的67个大熊猫自然保护区。

2017年1月，大熊猫国家公园体制试点正式启动。大熊猫国家公园试点区规划范围跨四川、陕西和甘肃三省，涉及岷山片区、邛崃山—大小相岭片区、秦岭片区、白水江片区，地理坐标为东经102°11'10"～108°30'52"，北纬 28°51'03"～34°10'07"，总面积为27134平方千米，涉及3个省12个市（州）30个县（市、区），整合各类自然保护地80余个。

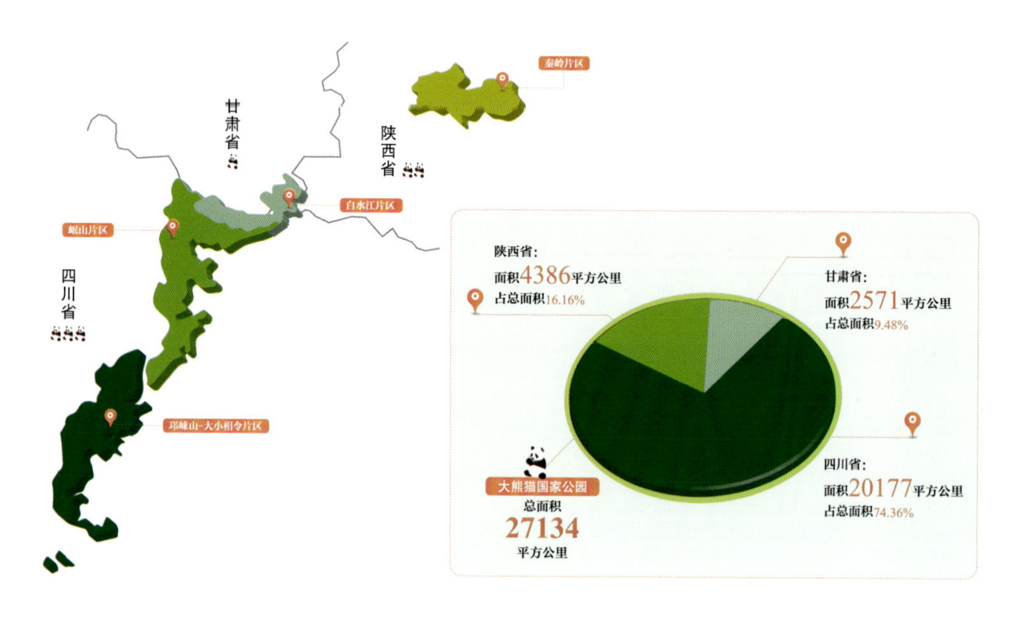


大熊猫国家公园规划范围示意图

大熊猫国家公园地处全球生物多样性保护热点地区，也是我国生态安全战略格局“两屏三带”的关键区域。试点区内有野生大熊猫1631只，占全国野生大熊猫总量的 87.50%，大熊猫栖息地面积18056平方千米，占全国大熊猫栖息地面积的 70.08%，有国家重点保护野生动物116 种、国家重点保护野生植物35 种。

# 祁连山国家公园

祁连山是我国西部重要的生态安全屏障，党中央、国务院高度重视祁连山生态环境保护与修复工作。习近平总书记多次作出重要批示指示。2017年6月26日，习近平总书记主持中央全面深化改革领导小组第36次会议，审议通过《祁连山国家公园体制试点方案》。2017年9月，中共中央办公厅、国务院办公厅印发《祁连山国家公园体制试点方案》。

祁连山是我国西部重要的生态安全屏障，是黄河流域重要产流地，是我国生物多样性保护优先区域，具有维护青藏高原生态平衡，阻止腾格里、巴丹吉林和库姆塔格三个沙漠南侵，维持河西走廊绿洲稳定，以及保障黄河和内陆河径流补给的重要功能。祁连山扼守丝绸之路咽喉，孕育了祁连山文化、敦煌文化和河湟文化，是汉、藏、蒙、哈萨克、裕固等多民族经济、文化交流的重要集聚地，是我国履行作为大国的国际责任，造福“一带一路”沿途国家和人民，共同发展、共享福祉的生态安全屏障。祁连山的生态保护工作是惠及子孙后代的伟大事业。

在祁连山开展国家公园体制试点，是党中央、国务院以习近平新时代中国特色社会主义思想为指导，深入贯彻党的十九大精神，统筹推进“五位一体”总体布局和协调推进“四个全面”战略布局的重要举措，是践行绿水青山就是金山银山理念的具体行动，是实现人与自然和谐共生的具体实践。祁连山国家公园体制试点肩负着为全国生态文明制度建设积累经验，为今后其他国家公园建设提供样板示范的使命。

《 草地上自由奔跑的西伯利亚狍
刘晓勤/摄

绿染祁连山
董　磊/摄

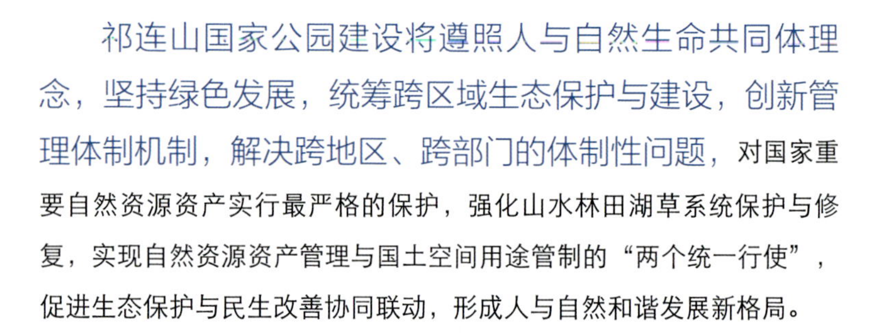

祁连山国家公园建设将遵照人与自然生命共同体理念，坚持绿色发展，统筹跨区域生态保护与建设，创新管理体制机制，解决跨地区、跨部门的体制性问题，对国家重要自然资源资产实行最严格的保护，强化山水林田湖草系统保护与修复，实现自然资源资产管理与国土空间用途管制的“两个统一行使”，促进生态保护与民生改善协同联动，形成人与自然和谐发展新格局。

祁连山国家公园试点区范围（以下简称“规划区”）地处我国甘肃、青海两省交界处，位于青藏高原东北部，其地理位置位于东经94°50′～103°00′，北纬36°45′～39°48′，总面积为502.34万公顷，分为甘肃和青海2个片区，其中：甘肃片区343.95万公顷，占总面积的68.47%；青海片区158.39 万公顷，占31.53%。行政区划涉及甘肃省、青海省共14个县（区、场）。

祁连山国家公园核心保护区274.67万公顷，占国家公园总面积的54.68%，其中，甘肃省片区180.98万公顷，青海省片区93.69万公顷。

白水江刘家坪保护站社区
邹　滔/摄

## 白水江分局

20多年来，白水江分局在自然资源保护与大熊猫抢救上做了大量的工作，取得了显著成绩，大熊猫数量稳中有升，其他国家一级重点保护野生动物都有不同程度的增长；完成了综合科学考察，编辑出版了《甘肃白水江国家级自然保护区综合科学考察报告》、《甘肃白水江国家级自然保护区科技论文汇编》第一、第二辑等科技专著和画册《大熊猫故乡——白水江》及《岷山东端绿色宝库》等宣传资料；先后完成了国家、省、地级调查研究项目40余项、62个单项，获得省部级科技进步二等奖2项，地厅级科技进步一等奖5项、二等奖6项、三等奖9项；2001年被国家环保总局、农业部、国家林业局、国土资源部评为保护区管理先进单位。

# 裕河分局

自2017年大熊猫国家公园体制试点工作开展以来，裕河分局全面完成了上级下达的各项工作任务，生物多样性保护成效明显：

一是通过开展社区宣传教育工作，居民保护意识明显提升，引导居民使用燃煤电器取暖、做饭，降低了薪柴使用量，有效保护了生态环境，森林覆盖率达到87%；二是在政府的支持下，依托精准扶贫搬迁项目，把居住在核心区内的社区原住居民搬迁到镇政府所在地。三是积极开展本底资源调查和社区基础数据收集工作。四是完成了勘界区划工作。五是完成了大熊猫栖息地生态廊道建设、生态植被恢复、生物多样性监测等生态保护修复工程。六是加快推进体制试点项目建设。项目建设涉及生态监测体系建设、大熊猫栖息地生态保护与修复、巡护道路维修、监测巡护、科普宣传培训、专项规划编制、基础设施建设、人员能力建设、有害生物防治、迁徙廊道建设、空天地一体化监测建设等方面。七是生物多样性监测体系初步形成。在大熊猫国家公园裕河区域内共布设了15条固定样线和30条随机样线，安装了260余台红外相机进行野外监测，每年分季度开展4次监测和巡护工作，初步建立了野生动植物活动分布信息网点和数据库。

初春，裕河的山谷里开满粉色的山桃花
**白永兴/摄**

## 张掖分局

张掖分局着力实施科技兴区和人才强区战略，积极创造促进人才成长的良好环境。与兰州大学签订协议，就人才培养、科研合作、专家聘用、野外台站建设进行全面合作，与甘肃林业职业技术学院就共建祁连山生态保护学院和教学区实训基地签订合作协议，标志着祁连山张掖分局科学研究、生态监测、人才培养进行全新的阶段。

2017年以来，张掖分局先后与10多家国内大专院校、科研院所合作开展祁连山综合科学考察、祁连山生态环境保护、野生动物调查、森林资源培育、大型真菌保育、生态环境监测等方面的科学研究，立项实施国家和省级科研项目20多项，获地厅级奖励3项，发表科技论文30余篇，出版专著2部。这些重大成果，及时解决了国家公园生态建设的重大关键技术问题，成为祁连山生态保护和建设的重要理论指导和决策依据。

夏日里林草连绵的祁连山
张掖分局/供图

## 酒泉分局

酒泉分局按照国家林草局和省林草局的要求，实行最严格生态保护制度，积极组织开展日常巡护，严格执行进出入国家公园人员车辆通行证管理制度，不断加强生态资源督查检查力度，确保国家公园内自然资源得到有效保护。在加强生态环境监管方面，一是全面完成生态环境问题整治。二是加大林政执法力度，先后开展森林草原执法专项行动、卫片执法和绿盾专项行动。通过相关执法行动措施，生态资源安全得到了有效保障。在调查研究方面，分局先后开展森林资源规划设计调查、森林资源连续清查、森林资源年度更新调查、植物物种和群落多样性调查、野生动物（雪豹、黑颈鹤、白唇鹿等）专项调查、湿地资源调查和种质资源等自然资源相关调查。通过上述调查，基本查清了分局内本底资源，建立资源档案，充实该区域内生物多样性数据库和科研监测数据，为生物多样性的有效保护和管理提供完整、准确地基础资料和决策依据，为促进祁连山国家公园健康持续快速发展提供科学依据。在生态保护硬件建设方面，通过基础设施、冰川保护、科技支撑、有害生物监测预警体系和国家公园一系列项目建设，构建了自然资源及生物多样性监测网络体系，完善监测站点及设备，建立统一的监测、评估和管理综合平台，为生态保护建设提供强大的科学技术支撑。

通过酒泉分局对生态环境的严格保护，辖区生态得到持续改善，来此繁衍生息的野生动物逐年增多，呈现出一片勃勃生机，高原生物多样性得到切实保护。

盐池湾朝霞映照下的雪山

王　进/摄

上图：白水江分局山大沟深，地形复杂，巡护队员不顾山高路险，沟壑纵横，深入保护地开展踏查活动
白水江分局/供图

下图：2015年至2019年以来先后为社区捐赠液化气灶具共计1075套，覆盖辖区6个行政村所有农户，直接受益群众达3000多人
白水江分局/供图

## 白水江分局

白水江的大熊猫及其栖息地生物多样性监测工作起步于2003年，随着监测工作的不断深入，巡护监测管理制度、巡护监测评价办法、巡护监测专项奖励等制度和办法不断得到完善，GPS（全球卫星定位系统）、GIS（地理信息系统）、红外相机等先进设备逐步投入使用，为大熊猫保护和研究积累了大量、珍贵的第一手资料，使该区域大熊猫保护由日常性逐步转向技术型。加强机构和队伍建设，能力得到显著提高。

上图：巡护队员根据兽道、动物痕迹等，选择合适的位置安放红外自动触发相机，用于监测野生动物活动规律
**裕河分局/供图**

下图：漫漫巡山路，攀岩涉水是巡护队员们进山的日常工作
**裕河分局/供图**

## 裕河分局

裕河分局已完成了《综合科学考察》和《总体规划》的编写工作，制定了国家公园《管理计划》。随着保护区的建设与发展，管理机构不断健全、执法力度不断加强、管护制度不断完善、巡护力度不断加大，川金丝猴、大熊猫等珍稀濒危野生动物种群数量稳步增长，栖息地不断扩大。在各级政府和行业主管部门的大力支持下，通过灾后重建、管理能力建设以及大熊猫国际合作项目等一系列工程的实施，分局基础设施条件有了明显的改善，具备了基本的保护管理条件，通过开展业务培训，工作人员业务素质得到明显的提高。

上图：张掖分局积极救助野生动物
**张掖分局/供图**

下图：张掖分局利用科普展览馆积极开展科普教育活动
**张掖分局/供图**

## 张掖分局

国家公园体制试点以来，各级管理部门密切协作，认真贯彻落实自然保护法律法规，以保护好祁连自然资源和生态环境、发挥最大的水源涵养效能、维护生物多样性为主要管理目标，积极开展自然教育，严厉打击破坏生态环境和自然资源的违法行为，深入开展监测研究，抢抓机遇争取工程项目，生态环境保护与建设取得了显著的成就，实现了管理体系逐步健全、管理能力显著提升、依法保护顺利推行、生态环境持续好转、科技兴区强力推进。

上图：酒泉分局科研人员在开展指导黑颈鹤监测工作
**酒泉分局/供图**

下图：酒泉分局工作人员巡护
**酒泉分局/供图**

## 酒泉分局

为了切实保护酒泉分局的生态环境，在国家、省林草主管部门的领导下，在各级政府的大力支持下，立足实际，不断加生态环境及野生动植物资源保护，取得了显著成绩。一是狠抓区队伍建设，把队伍建设作为加快国家公园建设的主要抓手，通过提高队伍的战斗力，有力地促进了国家公园协调发展。二是加大宣传力度，营造良好的保护环境。三是依法行政，加大对生态环境及野生动植物等资源的保护力度，使辖区生态环境和野生动植物的栖息地得到了有效保护。四是加强院区合作，开展了辖区本底资源调查。

# 希冀

绿水青山就是金山银山

刘晓勤/摄

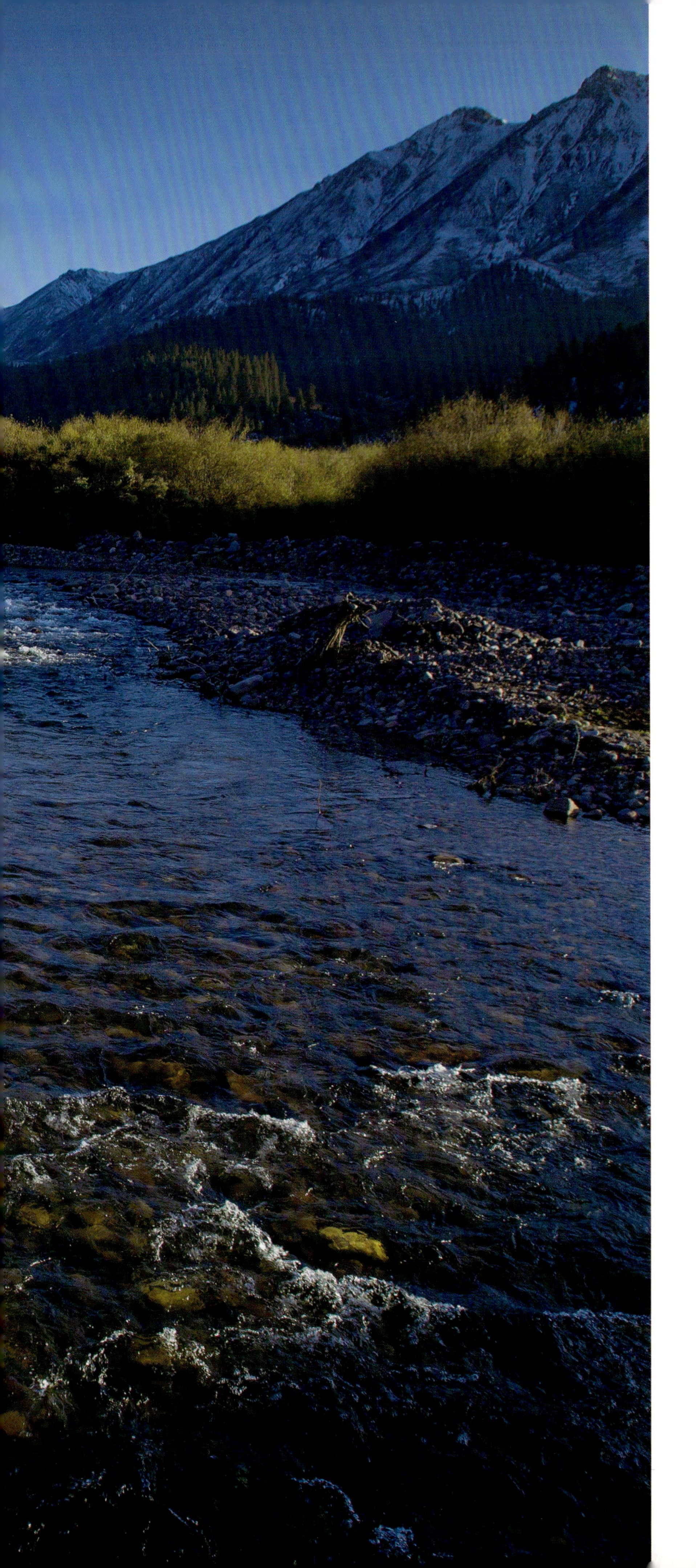

# 希冀

2019年8月19日，习近平总书记在致第一届国家公园论坛的贺信里指出："中国实行国家公园体制，目的是保持自然生态系统的原真性和完整性，保护生物多样性，保护生态安全屏障，给子孙后代留下珍贵的自然资产。这是中国推进自然生态保护、建设美丽中国、促进人与自然和谐共生的一项重要举措。"

国宝大熊猫，巍巍祁连山，大熊猫国家公园与祁连山国家公园的相继建设，正是全面落实党中央生态文明建设决策部署，深入贯彻落实习近平生态文明思想的具体实践。

国家公园不仅是美丽中国建设的"新载体"，也是加强生态系统保护和修复的"试验田"。祁连山国家公园、大熊猫国家公园体制试点开始以来，甘肃按照国家关于两个公园体制试点方案，积极稳妥、务实高效地推进各项试点工作，正在努力将祁连山国家公园建设成为生态文明体制改革先行区域、水源涵养和生物多样性保护示范区域、生态系统修复样板区域，将大熊猫国家公园打造成生物多样性保护示范区域、生态价值实现先行区域、世界生态教育展示样板区域，同时积极构建以国家公园为主体的自然保护地体系。

大熊猫祁连山国家公园甘肃省管理局将聚焦重点，有力有序推进国家公园体制试点，确保各项试点任务有序推进、按期完成；要压实责任，摸清家底，优化整合，抓好整改，加快构建自然保护地体系；要持续发力，坚持科学绿化，坚持保护优先，坚持项目带动，积极推进大规模国土绿化；要主动作为，以生态护林员项目为重要抓手，全力推进生态扶贫。

不忘初心，砥砺前行。我们坚信，大熊猫祁连山国家公园的未来将一片光明！

# 后记

青藏高原东北缘，岷山和祁连山共同组成一条横跨千里的巨大弧线，这里是中国重要的生态功能区、西北地区重要生态安全屏障和水源涵养地。

公园内生态系统独特，自然景观多样，冰川、森林、草原、荒漠、湿地均有分布，是中国罕有的，除海洋以外，生态系统如此齐全的国家公园。这里是大熊猫的栖息家园，是世界高寒种质资源库和野生动物迁徙的重要廊道，生存着众多濒危和珍稀野生动植物。区域内有多个冰川，是青藏高原东北部的“固体水库”，是河西走廊乃至西部地区生存与发展的命脉，也是"一带一路"重要的经济通道和战略走廊。

在大熊猫祁连山国家公园甘肃省管理局的大力支持下，西南山地（成都山地文化传播有限公司）于2020年启动了对大熊猫、祁连山国家公园（甘肃省片区）的调查和拍摄。摄影师和工作人员从盐池湾的荒漠和湿地，翻越祁连山生长着多种高寒植物的流石滩，穿越山丹军马场的广袤草原和森林，记录下众多自然的精彩瞬间和生灵的难得影像。为了更加全面地展现国家公园的壮阔和博大，我们还遍访多位多年在此拍摄的摄影师，收集到他们饱含心血的精彩影像。从自然景观到各色美丽的野生植物，从自由翱翔的各种鸟类到漫步荒野的猛兽，以及神秘独特的两栖爬行动物，我们为全面而细致地展现国家公园生物多样性和生态系统的特点而尽心竭力，而这片土地所蕴含的美是如此波澜壮阔，真正深入了解，必定会为之倾倒，为之沉迷！

历经一年的野外拍摄和资料编辑工作，《穿越祁连秘境　探访熊猫家园》一书即将展现给所有公众，项目组以此向所有为此次调查拍摄提供帮助和支持的个人和单位、向为大熊猫、祁连山国家公园（甘肃片区）做过贡献的政府部门、保护机构、科研单位、本土社区居民、摄影师们以及所有热爱这片土地的公众致以衷心的感谢！

本书编委会

2020年12月

**图书在版编目（CIP）数据**

穿越祁连秘境　探访熊猫家园：大熊猫祁连山国家公园甘肃省片区 / 大熊猫祁连山国家公园甘肃省管理局编. -- 北京：中国林业出版社, 2020.11

ISBN 978-7-5219-0879-4

Ⅰ. ①穿… Ⅱ. ①大… Ⅲ. ①大熊猫－国家公园－介绍－甘肃 Ⅳ. ①S759.992.42②Q959.838

中国版本图书馆CIP数据核字(2020)第208942号

中国林业出版社 · 国家公园分社（自然保护分社）

责任编辑：张衍辉　葛宝庆

策　划：西南山地（成都山地文化传播有限公司）

出　版：中国林业出版社（100009 北京市西城区德内大街刘海胡同7号）

网　址：http://www.forestry.gov.cn/lycb.html

E-mail：cfybook@sina.com　　电　话：010-83143521 83143612

印　刷：北京华联印刷有限公司

版　次：2020年12月第1版

印　次：2020年12月第1次

开　本：889mm×1194mm 1/12

印　张：24

字　数：588千字

定　价：398.00元

西南山地
微信公众号二维码